津春4号

津优1号

津优35号

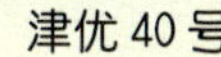

津优40号

中农6号

中农 8 号

中农 12 号

中农 16 号

中农 19 号

中农 29 号

黄瓜霜霉病
病叶正面

黄瓜灰霉病病
叶“V”病斑

黄瓜炭疽病病叶

黄瓜蔓枯病
引起的死棵

黄瓜病毒病在植株顶部的症状表现

正在危害黄瓜嫩花的蚜虫

黄板诱杀白粉虱

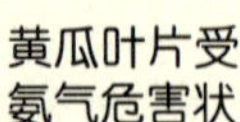

黄瓜叶片受氨气危害状

无公害高效栽培

（第二版）

方秀娟 编著

金盾出版社

内 容 提 要

本书由中国农业科学院蔬菜花卉研究所专家编著与修订。作者根据近年来黄瓜无公害栽培技术的发展、黄瓜新品种的涌现和农药的更新换代，对原书内容进行了全面修订。内容包括：概述，无公害黄瓜生产的环境条件，黄瓜栽培的生物学基础，黄瓜优良品种，黄瓜育苗技术，黄瓜无公害高效栽培技术，黄瓜配方施肥技术，黄瓜病虫害无公害防治技术，无公害黄瓜采后处理与加工等。本书内容全面系统，技术先进实用，语言通俗易懂，适合广大菜农、基层农业技术推广人员及农业院校相关专业师生阅读参考。

图书在版编目(CIP)数据

黄瓜无公害高效栽培/方秀娟编著．-- 2版．-- 北京 ：金盾出版社，2012.9

(蔬菜无公害生产技术丛书)

ISBN 978-7-5082-7560-4

Ⅰ.①黄…　Ⅱ.①方…　Ⅲ.①黄瓜—蔬菜园艺—无污染技术　Ⅳ.①S642.2

中国版本图书馆 CIP 数据核字(2012)第 083519 号

金盾出版社出版、总发行

北京太平路 5 号(地铁万寿路站往南)

邮政编码：100036　电话：68214039　83219215

传真：68276683　网址：www.jdcbs.cn

封面印刷：北京蓝迪彩色印务有限公司

彩页正文印刷：北京金盾印刷厂

装订：海波装订厂

各地新华书店经销

开本：850×1168 1/32　印张：6.625　彩页：4　字数：155 千字

2012 年 9 月第 2 版第 6 次印刷

印数：50 001～58 000 册　定价：13.00 元

序言

XUYAN

民以食为天，食以安为先。生产安全食用蔬菜等农产品是广大消费者的迫切愿望。随着人们生活水平的提高，环保意识和保健意识的增强，无公害蔬菜的生产和流通备受世人关注。无公害蔬菜生产既是保护农业生态环境、保障食物安全、不断提高人民物质生活质量的需要，又是提高我国蔬菜产品在国际市场上的竞争力，提高我国农业经济效益，增加农民收入，实现农业可持续发展的迫切需要。可以说大力发展无公害蔬菜生产，是社会经济发展、科学技术进步、人民生活富裕到一定阶段的必然要求。

为了解决农产品的质量安全问题，农业部从 2001 年开始在全国范围内组织实施了“无公害食品行动计划”。要实现无公害蔬菜产品的生产，就需要对生产及流通过程进行全程质量控制。在对蔬菜产品实现全程质量控制中，首要的是实现生产过程的无公害质量监控。在种植无公害蔬菜时要选择良好的环境条件，防止大气、土壤、水质的污染，在不断提高菜农的生态意识、环保意识、安全意识的同时，还应开展无公害蔬菜生产的综合技术集成和关键技术的推广应用。这样，才能达到生产无公害蔬菜产品的基本要求。

为达到上述目的，金盾出版社策划出版了“蔬菜无公害生产技术丛书”。组成了以刘宜生研究员、王志源教授为首的编委会，约请了中国农业科学院、中国农业大学等单位的有关专家和学者，根据他们的专业特点，将“丛书”分为 20 个分册，分别撰写了 33 种主要蔬菜的无公害高效栽培技术。“丛书”比较全面系统地向蔬菜生产者、经营者和管理者介绍了当前各种蔬菜进行无公害生产的最新成果、技术和信息，提出了如何根据国家制定的《无公害蔬菜环境质量标准》、《无公害蔬菜生产技术规程》、《无公害蔬菜质量标准》进行生产的具体措施。其内容包括：选用优良抗性品种，推广优质高效栽培技术，科学平衡施肥，实施病虫害的综合无公害防治，以及采收、贮藏、运输环节的关键措施和无公害管理等。因此，这套“丛书”既具有科学性和先进性，又具有实用性和可操作性。

我相信本“丛书”的出版，将使广大菜农、蔬菜产业的行政管理人员及技术推广人员都能从中获得新的农业科技知识和信息，对无公害蔬菜生产技术水平的提高起到指导作用。同时，也会在推动农业结构调整、促进农村经济增长等方面发挥积极作用，为建设小康社会做出有益的贡献。

中国工程院院士
中国园艺学会副理事长
方智远

目 录

第一章　概　述

黄瓜又名王瓜、胡瓜。起源于喜马拉雅山南麓热带雨林地带，由古印度分两路传入我国。一路经东南亚传入华南地区；另一路在汉代由张骞经新疆传入北方。经长期栽培驯化，形成华南系统黄瓜和华北系统黄瓜，在黄河流域已有2 000多年的栽培历史。

黄瓜果实水分多，脆嫩可口，具有特殊的清香味。除鲜食外，还可凉拌、炒食、泡菜、盐渍、糖渍、酸渍、酱渍、制干、制罐等，各种食法都别有风味，深受人们的喜爱。

黄瓜是典型的碱性食品，富含纤维素，蛋白质，糖类，维生素C及钙、磷、铁等多种微量元素，多种游离氨基酸、葫芦素C等。不仅是佐餐佳肴，还有医药价值，是药用保健蔬菜之一。黄瓜果实中含有助消化酶，可消除油腻，清胃爽口；含有的游离氨基酸中的丙醇二酸，在人体内可抑制糖类物质转变为脂肪，有减肥和预防冠心病的功效；葫芦素C具有抗肿瘤功能；果实完熟后的果汁可治疗烧伤，减轻疼痛感；鲜果汁还有退斑嫩肤和舒展皱纹、滋养皮肤之功效。此外，黄瓜皮可利尿，籽可接骨，藤可镇痉，秧可降血压，根可解毒，叶既可治痢疾，还具有清热、利水、解毒多种功能。

一、无公害蔬菜的概念及意义

蔬菜是人们生活中不可或缺的重要副食品。当前，由于不少地区环境的污染以及蔬菜生产和流通过程中缺乏科学有效的措施与手段，为数不少的不同程度的污染蔬菜被人们食用，对人体健康及生命安全造成威胁。蔬菜的质量安全问题已成为社会关注的热点。

为了迅速提高我国农产品的安全性和国际市场的竞争能力，2001年农业部启动了“无公害食品行动计划”，提出用8～10年时间，在全国基本实现蔬菜产品生产和消费无公害化。发展无公害蔬菜生产，是社会经济发展、科学技术进步、人们生活水平提高的必然要求，对保障人们身体健康和促进国民经济发展具有重要意义。

无公害蔬菜是指产地环境、生产过程、目标产品质量，符合国家和农业行业无公害产品标准与生产技术规程，并经产地和市场质量监管部门检验合格，使用无公害产品标志销售的蔬菜产品。也就是说，无公害蔬菜产品中含有的有毒有害物质，如农药残留、硝酸盐含量、重金属含量、有害微生物等应控制在国家和行业规定的允许范围内。

我国黄瓜生产，尤其是日光温室、塑料大棚黄瓜生产普遍存在过量使用农药和化肥，造成农药残留含量、硝酸盐及重金属含量超标。因此，推广和发展黄瓜无公害生产尤为迫切。

我国黄瓜生产，尤其是日光温室、塑料大棚普遍存在过量施用农药和化肥。加之黄瓜本身病虫害多，多次采收，需经常施药，施肥，再加之不规范操作，造成农药残留量、硝酸盐及重金属含量超标比较严重。因此，只有依靠科技进步、科技普及，狠抓从产地到产品流通领域的严格管理，才能实现黄瓜无公害生产的要求。

二、无公害黄瓜质量标准

无公害黄瓜质量标准应符合农业部颁布的《NY 5074—2002 无公害食品　黄瓜》中关于无公害黄瓜的感官要求和卫生要求。

无公害黄瓜的感官要求是：同一品种或相似品种，长短和粗细基本均匀，无明显缺陷（包括机械伤、腐烂、异味、冻害和病虫害）。

无公害黄瓜的卫生要求应符合表 1-1 的规定。

表 1-1　无公害食品黄瓜卫生要求

序　号	项　目	指标(毫克/千克)
1	敌敌畏(dichlorvos)	≤0.2
2	乐果(dimethoate)	≤1
3	乙酰甲胺磷(acephate)	≤0.2
4	氯氰菊酯(cypermethrin)	≤0.5
5	氰戊菊酯(fenvalerate)	≤0.2
6	抗蚜威(pirimicarb)	≤1
7	百菌清(chlorothalonil)	≤1
8	三唑酮(triadimeton)	≤0.2
9	铅(以 Pb 计)	≤0.2
10	镉(以 Cd 计)	≤0.05
11	亚硝酸盐(以 $NaNO_2$ 计)	≤4

注：根据《中华人民共和国农药管理条例》，剧毒和高毒农药不得在蔬菜生产中使用。

三、无公害黄瓜质量认证

为加强无公害黄瓜的规范化管理，维护其产品信誉及消费者利益，推动无公害黄瓜生产的健康发展，必须实行无公害黄瓜申报和认定制度。

凡具备无公害黄瓜生产条件的单位或个人，均可通过当地有关部门向省级无公害农产品管理办公室申请无公害农产品标志和证书。申请者按要求填写无公害农产品申请书、申请单位或个人基本情况及生产情况调查表、产品注册商标文本复印件及当地农业环境保护、监测机构出具的初审合格证书。

省级无公害农产品管理部门,在认为申报基本条件合乎要求后,委托省级农业环境保护、监测机构对黄瓜产品质量及产地环境条件进行检测,出具环境条件和产品质量评价报告。

省级无公害农产品管理部门根据评价报告和上报材料进行终审。终审合格的,由省级无公害农产品管理部门颁发无公害农产品证书,并向社会公告。同时,与生产者签订《无公害农产品标志使用协议书》,授权企业或个人使用无公害农产品标志。

无公害农产品标志和证书有效使用期限为3年。使用无公害农产品标志的单位或个人,必须严格履行《无公害农产品标志使用协议书》,并接受环境和质量检测部门进行的定期抽检。

取得无公害农产品标志的生产单位和个人,应在产品说明书或包装上标注无公害农产品标志、批准文号、产地、生产单位等。标志上的字迹应清晰、完整、准确。

第二章　无公害黄瓜生产的环境条件

黄瓜生产与产地环境密切相关。良好的产地环境是无公害黄瓜生产的先决条件和基本保证。

一、无公害黄瓜生产的环境条件

无公害黄瓜产地应选择生态条件好，远离污染源，并具有可持续生产能力的农业生产区域。影响黄瓜生长发育的环境条件很多，但影响其安全品质的环境要素主要是空气、水分和土壤，无公害黄瓜生产要求产地的空气、水分和土壤清洁、无污染或少污染。2002年农业部发布的《无公害食品　蔬菜产地环境条件》(NY 5010—2002)对此提出了具体要求。

(一)空气质量要求

无公害黄瓜产地空气中的主要污染物、总悬浮颗粒物、二氧化硫、氟化物含量均应符合表2-1的规定。

表2-1　环境空气质量要求

项　目		浓度限值			
		日平均		1小时平均	
总悬浮颗粒物(标准状态)(毫克/米^3)	≤	0.30		—	
二氧化硫(标准状态)(毫克/米^3)	≤	0.5[a]	0.25	0.50[a]	0,70
氮氧化物(标准状态)(毫克/米^3)	≤	1.5[b]	7	—	

注：日平均指任何 1 日的平均浓度；1 小时平均指任何 1 小时的平均浓度。

a. 菠菜、青菜、白菜、黄瓜、莴苣、南瓜、西葫芦的产地应满足此要求。

b. 甘蓝、菜豆的产地应满足此要求。

(二)灌溉水质量要求

灌溉水质量要求应符合表 2-2 的规定。

表 2-2　灌溉水质量要求

项　目		浓度限值	
pH 值		5.5～8.5	
化学需氧量(毫克/升)	≤	40[a]	150
总汞(毫克/升)	≤	0.001	
总镉(毫克/升)	≤	0.005[b]	0.01
总砷(毫克/升)	≤	0.05	
总铅(毫克/升)	≤	0.05[c]	0.10
铬(六价)(毫克/升)	≤	0.10	
氰化物(毫克/升)	≤	0.50	
石油类(毫克/升)	≤	1.0	
粪大肠菌群(个/升)	≤	40000[d]	

注：a. 采用喷灌方式灌溉的菜地应满足此要求。

b. 白菜、莴苣、茄子、蕹菜、芥菜、苋菜、芜菁、菠菜的产地应满足此要求。

c. 萝卜、水芹的产地应满足此要求。

d. 采用喷灌方式灌溉的菜地以及浇灌、沟灌方式灌溉的叶菜类菜地应满足此要求。

(三)土壤质量要求

无公害黄瓜产地土壤环境质量要求应符合表 2-3 的规定。

表 2-3 土壤环境质量要求 （单位：毫克/千克）

项 目	含量限值					
	pH 值＜6.5		pH 值 6.5～7.5		pH 值＞7.5	
镉 ≤	0.30		0.30		0.40[a]	0.60
汞 ≤	0.25[b]	0.30	0.30[b]	0.5	0.35[b]	1.0
砷 ≤	30[c]	40	25[c]	30	20[c]	25
铅 ≤	50[d]	250	50[d]	300	50[d]	350
铬 ≤	150		200		250	

注：本表所列含量限值适用于阳离子交换量＞5 厘摩/千克的土壤，若≤5 厘摩/千克，其标准值为表内数值的半数。

a. 白菜、莴苣、茄子、蕹菜、芥菜、苋菜、芫菁、菠菜的产地应满足此要求。

b. 菠菜、韭菜、胡萝卜、白菜、菜豆、青椒的产地应满足此要求。

c. 菠菜、胡萝卜的产地应满足此要求。

d. 萝卜、水芹的产地应满足此要求。

二、无公害黄瓜生产基地的选择

无公害黄瓜产地环境条件是影响无公害黄瓜质量的重要因素之一，因此进行黄瓜无公害生产，必须合理选择基地。

黄瓜无公害生产基地环境选择的优化条件应符合下列要求：①基地周边 2 000 米以内无污染源，基地离主干公路 100 米以上。②基地应尽可能选择在黄瓜作物的主产区、高产区和独特的生态区。③基地土壤肥沃，有良好灌溉条件。

黄瓜无公害生产基地应建在基本没有环境污染、交通方便、地势平坦、土壤肥沃、排灌条件良好的黄瓜主产区、高产区和独特的生态区。

基地的土壤、灌溉水和大气等环境均未受到工业“三废”、城市污水、废弃物、垃圾、污泥及农药、化肥的污染或威胁。环境污染是个相对概念，绝对没有受过污染的地区实际上很难找到。决定无公害产地环境是否合理，可用上述3个环境条件标准来衡量，符合要求的，就可以建立无公害生产基地。

三、无公害黄瓜产地的保护和治理

无公害黄瓜产地环境的保护主要从两方面进行：一是要进行农业环境的综合治理，特别要从污染源源头上治理“三废”的排放和城市排污，防止对大气、水体和土壤的污染；二是要利用和创造可能的条件进行清洁生产，防止生产过程中的自身污染。

（一）农业自身污染的预防与控制

农业自身污染，主要是指农业生产过程中使用农药、化肥、植物生长调节剂等不合理，以及畜禽粪便处理、利用不当而造成的污染。通过无公害蔬菜技术规程来预防和控制，应做好下述3个方面的工作。

第一，科学种田，合理使用农药和化肥。

第二，建立生态型蔬菜基地，实行多业互补，大力发展种（植）养（殖）结合、种养沼（气）结合、种养沼加（工）等多业结合，不但可提高生物能的转化率和资源的利用率，而且可防止废弃物对环境的污染。

第三，慎用其他对产地环境有关的农业投入品。无公害菜田中尽量避免污水、固体废弃物进入，严禁使用超标污水、农用固体废弃物，禁止使用医院废弃物及含放射性物质的废弃物。

(二)无公害土壤与水源的治理

1. 无公害土壤和水源治理原则 ①在蔬菜生产基地内，坚持以蔬菜为主，其他作物互补种植，并结合畜牧养殖业和农产品加工等产业，逐步形成一个资源利用合理的社会化物质生产系统。②大力推广无公害栽培的各项技术措施，区分地表水和地下水、可灌水和非可灌水，在对污染水进行集中处理的同时，使用深井水并做适当处理，配合节水灌溉技术。

2. 治理土壤生态环境的基本方法

(1)土壤次生盐渍化治理 在一些老的蔬菜生产基地，如不重视土壤与耕作方式的改良，常常会出现土壤次生盐渍化的情况。其表现为：土壤中有机质下降，部分离子浓度偏高。由于离子间的相互作用，使植株根系对一些生长必需的离子吸收困难，土壤中的有益微生物活性下降，而有害微生物种群增大。土壤次生盐渍化所积累的盐分以硝酸根离子增加最多，形成各种硝酸盐，大大提高了土壤溶液浓度。在这种环境下栽培的蔬菜，其硝酸盐含量很高。这些硝酸盐在一定条件下可转化为对人体健康有极大威胁的亚硝酸盐。这些离子在露地栽培时，因降水淋溶，在耕作层下形成一个明显的盐渍层，有些又被汇入水系中，污染了水源。生产上常用以下方法克服土壤次生盐渍化问题：①以水降盐。主要靠漫水洗盐和开沟埋设暗管，进行集中处理。②生物除盐。采用休闲或轮作，栽培速生吸盐量的作物如苏丹草、玉米等。③轮作。进行水田与蔬菜轮作。④耕作措施。可进行深耕，使表土和深层土壤作适度混合，使耕作层土壤中离子浓度适当降低。

(2)土壤病菌和虫卵密度过大的对策 土壤作为病、虫寄生的主要场所之一，在常年连作后常常使病、虫密度过高；大量使用杀虫剂和杀菌剂，会使部分病原菌和害虫产生抗药性，出现越施药病原菌和害虫密度越高的现象。有鉴于此，可通过以下方法进行治理。

①耕作方法 可通过土壤休闲，与大田作物进行有效轮作。

②土壤冻垡 越冬前浇入大量水分，使土壤严重冻结，夏天深翻晒垡。

③覆盖下的高温处理 在夏季高温期间，对土壤施入一定量的石灰和未腐熟的有机肥；浇水后，上面覆盖塑料薄膜，密闭 30～45 天，可杀死大部分的病原菌和虫卵。

④土壤消毒 利用蒸汽或药物进行土壤消毒。将耕作层土壤堆起，高度不宜太高，一般在 30 厘米左右，外盖塑料薄膜，通入蒸汽消毒。也可以用硫磺等熏蒸，具体方法同蒸汽消毒。为了增强消毒效果，处理时间可适当长些，要保证覆盖物的气密性，有时可在第一次处理之后翻土，随即进行第二次处理。

3. 水源治理和水质保持基本方法

(1)水质改良工程 尽可能利用地下深井水，并对深井水进行两个方面的工作：一是以杀菌为主，用漂白粉等氧化剂杀死水中生物；二是对水中金属离子和酸根离子，可采用离子吸附剂吸附方法或进行离子交换树脂的层析过滤来进行。

对于地表水的处理基本同前所述。在所有的工程中，对水源引入装置有特殊要求，无论何种水体，一经处理后，在进入灌溉系统前，应采取必要措施，防止二次污染，否则就会前功尽弃。

(2)灌溉方式与节水栽培技术 利用先进的灌溉方式实施节水栽培。日光温室等保护地栽培，最好用膜下暗灌方式。露地黄瓜，用滴灌方式较为适宜。

无论采用什么水源进行灌溉，在水的运送过程，干渠、支渠、斗渠、农渠及毛渠的五级灌溉系统，均用农用塑料材料做输水管道网络，可避免灌溉用水的二次污染。输水管道可埋入土中，也可平铺于地面或设置在空中，在进入灌溉系统前，可设立过滤装置及肥料灌水装置，以较低的压力将水均匀地送入灌溉系统末端。在出流处，根据作物需水特点，可进行连续出流和间歇出流。在无公害生产中，避免用传统的漫灌、泼浇的灌溉方式。

(3)生产用污水的排放和处理办法　对于生产中的污水，不能随意排放。对污水可区分其受污情况和程度进行处理。如系因洗涤产品时泥土污染的水体，经静置后即可重新利用；对受到各种化学物质污染的水体，则需通过层析处理后，方可使用；同时，处理后的水源，必须防止其二次污染的产生。

四、无公害黄瓜产地环境的监督与管理

无公害黄瓜产地必须通过相关的机构进行检验和论证。一旦通过检测认证，可作为无公害黄瓜生产的基地，应树立标牌，载明基地范围、规模、审批单位、管理单位、质量承诺，实行社会维护和监督；并进行经常性的环境监测与管理，严格按照《农产品基地环境管理办法》的有关规定，防治农业环境污染，保护和改善农田生态环境。

第三章 黄瓜栽培的生物学基础

一、黄瓜植物学特征

(一)根

根是黄瓜生长发育的基础。只有根系发达,才能茎叶繁茂,果实累累。黄瓜的根分主根、侧根和不定根。主根由胚根发育而来,向下垂直生长,深达80～100厘米。主根上生侧根。所有主、侧根上的纤细部分称为须根。幼苗胚轴或茎上生出不定根。侧根可达2米以上,多数根群分布在植株周围20～30厘米。这就形成了黄瓜浅根性的特点,黄瓜根系另一个特点是木栓化早,再生能力弱。根系受伤后不易再发生新根。根据根的这些特点,栽培时要选择有机质含量高,透气性良好的土壤,及时供给肥料和水分。育苗时,尽量保持根的完整性。生产上常用营养钵和营养土育苗,以减少在定植时伤根现象,为丰产打下基础。

(二)茎

黄瓜茎是攀缘性蔓茎,生产上必须用支架或吊绳固定。多数品种为无限生长型,一般主茎长达3米以上。少数为自封顶型品种,叶片数达到18～20片便封顶不再伸长。茎上有刚毛,茎粗0.6～1.2厘米,节间长6～15厘米。茎上每节着生1片叶并生卷须、分枝、雄花或雌花。一般早熟品种分枝少而短，以主蔓结瓜为主；中熟性品种分枝多，以侧枝结瓜为主；中间性品种，主蔓、侧蔓均能结瓜。茎的粗细是判断植株长势的依据，茎蔓细弱，刚毛不发达，很难获得高产，茎蔓过分粗壮是营养过旺，将影响坐瓜。决定茎粗细的关键在幼苗期，其次为开花期，幼苗高度最好在 3 厘米左右。若育苗过密，水分过大，温度过高，子叶下面的胚轴变长，表现徒长，在苗床撒干土可防徒长。中农 13 号及欧洲型温室品种，下胚轴比较长，这是品种特点。

(三)叶

黄瓜的叶片分子叶与真叶两种。子叶对生，呈长椭圆形。子叶的生长状况取决于种子本身和栽培条件。种子发育不充分，长出的子叶瘦弱畸形；土壤水分不足，子叶不舒展；施肥不当，会使根部受害，使子叶颜色加深，甚至萎蔫；水分过多或光照不足，使子叶发黄。因此，子叶形态及生长状况能直接反映幼苗是否健壮和栽培条件是否适当。国内多数品种子叶具有不同程度的苦味，欧洲温室型品种子叶不具苦味，子叶肥大，色浅。

子叶展开后，再长出来的叶片称真叶。真叶为掌状五角形，互生，叶表面有刺毛和气孔。叶正面刺毛密，气孔少而小；叶背面刺毛稀，气孔多而大。叶缘还有许多水孔。植株通过气孔的张合来交换气体，获得必要的二氧化碳进行光合作用和蒸腾作用，调节叶面温度。叶缘的水孔，当湿度大时常见到叶片边缘产生许多水珠，以进行生理调节。这些孔道也是外部病菌侵染的途径。叶背面的气孔多而大，有利于病菌入侵。所以，施药防治病虫害时，应注意叶背面的喷药。

叶片是进行光合作用，制造有机养分供黄瓜生长发育的主要器官。黄瓜叶片的光合效能即黄瓜在单位时间内制造干物质的量，等于叶面积与净同化率的乘积。叶面积又与植株密度，每株叶数及叶片大小有关。一般黄瓜15～25片真叶的同化率最高，而每一片叶是真叶展开10～15天达到最大叶面积。叶片超过30～45天后，其净化率又迅速降低。叶片还有吸收功能，叶片上喷施一定浓度的肥料、农药和植物生长调节剂，可被吸收到植株体内。因此，生产上应尽量保护植株中部及中上部的功能叶，摘除底部老叶。根据需要，在喷农药的同时，可同时进行叶面追肥或喷施植物生长调节剂，如乙烯利、赤霉素或硝酸银等，以改变黄瓜雌、雄花性别。

（四）花

黄瓜基本是雌、雄同株异花作物，品种间自然杂交率达53%～76%。其萼与花冠均为钟状，5裂。花萼绿色，有刺毛。花冠为黄色。雄花有雄蕊5枚，其中4枚两两连生，另一枚单生。雄蕊合抱在花柱周围，花药侧裂。花粉寿命较短，在高温条件下，开花后4～5小时即丧失活性。如在适宜低温下贮藏可延迟到开花后48小时。花粉在开花前日下午已具有发芽能力。雌蕊子房下位有蜜腺，一般有3个心室，也有的有4～5个心室。雌蕊开花前2天到开花翌日都有受精能力。侧膜胎座，花柱短，柱头3裂。黄瓜花着生于叶腋，一般雄花比雌花出现早。多数品种在幼苗初期花芽就开始分化。第一片真叶展开时，生长点已分化12节，第九节以下各叶腋都分化了花芽，但性型尚未决定。第二片真叶展开时，叶芽已分化到14～16节。第三至第五节花芽的性型已定。第七片真叶展开时，叶芽已分化到26节，花芽已分化到23节，第十六节以下的花芽的性型已经决定。一般从分化初期到雌、雄蕊分化需10天，到确定花的性别还需4～5天，到开花需20天，即从分化到开花共需35天左右。决定花的性型除与品种本身的遗传特性有关外，与外界环境条件关系很大。一般在夜间9℃～11℃的低温、日照为8小时左右的短日照条件下，雌花发育最大，节位低、雌花节率高。此外，幼苗期土壤、水分和空气湿度适宜、碳素营养良好及乙烯利等激素有利于雌花形成。雌花发生的早晚及分布状态与黄瓜早熟性、产量直接相关。从第一片叶开始至第四、第五片叶的苗期进行低温锻炼，或苗期2～3叶片喷施100～150毫克/升乙烯利溶液，有利于植株早出、多出雌花，达到早熟丰产的目的。

黄瓜雌花可以不经授粉而结果，即具有单性结实的特性，这种特性有利于在无昆虫传粉的保护地栽培。为了提高坐果率增加产量，也可以进行人工授粉。一般早晨开花随即授粉，效果最好。

(五)果　实

黄瓜的果实称瓠果，由子房和花托一并发育而成。果皮实际上是花托的外表，可食的肉质部分则为果实和胚座。果实性状因品种而异。果形有长有短，有粗有细；果色有深绿、浅绿、白绿等颜色。果面有平滑或有棱、瘤、刺、纹等特征，瘤的顶部着生刺，刺的颜色有黑、褐、黄、白色之分。果皮和果肉也有厚、薄之分。

黄瓜果实的生长，通常谢花后生长慢，以后逐渐加快，达到一定程度后又逐渐减慢。黄瓜日生长量平均为2～4厘米。日生长量夜间大，白天小。果实重量的增加，以开花后6～9天内为最大，开花第十天逐渐降低。一般开花后9～12天，果实达到商品成熟。商品果成熟的速度与气温有关。气温高，成熟快；气温低，成熟慢。小果型品种成熟早，大果型品种成熟晚。

黄瓜果实的发育与授粉有一定关系，有的品种经授粉后，有利于果实发育而提高产量。如果未经授粉，容易化瓜，产量明显降低。也有一些品种不需要授粉也能正常结果，国外已育成这种单性结实能力强的品种。我国育种家正在努力选育适应我国日光温室栽培的单性结实能力强的品种。果实的发育与植株的生理状态及栽培条件有关。一般子房健壮、肥水充足、光照好，果实发育好，容易获得高产。如果水、养分供应不足，就会出现锥子瓜、大头瓜、细腰瓜。

黄瓜果实有时会发生苦味，有的在瓜把处有苦味，有的整条瓜有苦味。形成苦味的原因，除与品种遗传有关外，与栽培条件、气温有关。如苗期干旱、低温、氮肥过多，后期高温、特别是在大棚通风条件不好的情况下易发生苦味。

（六）种　子

黄瓜种子是胚珠受精后发育成的无胚乳种子，表皮为黄白色，形状为扁平长椭圆形，长 8～13 毫米、宽 3～4 毫米、厚 1～2 毫米。用碱性小的水淘洗种子，一般种皮可保持白色。种子颜色对发芽率无影响。种子成熟期间，一般条件适宜，都能收到饱满的种子。短椭圆形果实，无论果实先端或基部的种子腔都可得到充实的种子，一般长果形果实，在基部所得的种子多为瘪籽，只是顶端 1/3 处的种子饱满。每个大果的种子为 300～500 粒，一般 100～200 粒。种子重量取决于种子的大小与饱满度，一般千粒重为 20～30 克，高的可达 35～42 克。每 500 克种子有 16 000～25 000 粒。

在温度低、湿度小的条件下，黄瓜种子的发芽力、生活力可保持 10 年左右，一般可保持 5～6 年。3 年内发芽率不会降低，一般第一年种子第二年播种最好。采收成熟的种瓜，放置 1 周左右再淘种，可提高发芽率。种子成熟度与发芽率有关。从授粉至种瓜采收需 30～40 天。同一品种不同栽培季节采收的种子，其大小与饱满度不一样。优良的栽培条件，种子粒大、饱满。种子的多少与授粉量有关，与栽培无关。新采收的种子，一般有 1 个月左右的休眠期，用 0.5％过氧化氢溶液（双氧水）浸泡 12 小时，可打破休眠。

二、黄瓜生长发育周期及特点

黄瓜的生长发育周期即从种子萌发到植株自然衰老死亡，可分为发芽期、幼苗期、抽蔓期和结果期。了解黄瓜各发育期的特点，有助于采取适宜的栽培措施，使其达到最佳生育状态，为高产打下生物学基础。

(一)发 芽 期

从种子萌动到第一片真叶出现为发芽期，为 5～10 天。发芽期的生育特点是主根下扎，下胚轴伸长，子叶展平。此期完全靠种子本身贮藏的养分供给生长。生产上要选用充分成熟、饱满的种子，以保证发芽期生长旺盛。子叶拱土前要扣膜，以保持较高的温、湿度，促进早出苗、快出苗、出全苗。大部分子叶拱土后，及时揭开膜，适当降低温、湿度，以防止徒长。这时也是分苗的最佳时期。

(二)幼 苗 期

从真叶出现到定植前、植株具有 4～5 片叶为幼苗期，历时 30～45 天。幼苗期的生育特点是幼苗叶的形成，主根伸长，侧根发生以及苗顶端各器官的分化与形成。此期已孕育分化了根、茎、叶、花等器官。此期培育适龄壮苗是获得黄瓜优质高产的关键。适龄壮苗的标准是根系健壮、侧根多、颜色鲜嫩，洁白、茎粗、节间短。在温度、肥水管理方面，应本着“促”与“控”相结合的原则进行，以适应此期生长的需要。

(三)抽 蔓 期

从幼苗期结束到第一个瓜(根瓜)坐住为抽蔓期。多数黄瓜品种从第四节开始出现卷须,节间开始加长,蔓的生长明显加快,有的品种出现侧枝,雄花、雌花先后出现并陆续开放。当根瓜瓜把由黄绿色变成深绿色时,标志着抽蔓期结束。

抽蔓期历时 10～20 天,早熟品种短,晚熟品种长。该期结束时,茎高 30～40 厘米,真叶展开 7～8 片。此期以营养生长为主并由营养生长向生殖生长过渡,主要是茎叶形成,其次为根系进一步发展,并开始开花坐瓜。在抽蔓后期适当控制肥水、适当控制营养生长是管理的关键。

(四)结 果 期

从根瓜坐住到拉秧为结果期。结果期的生育特点是营养生长与生殖生长同时进行,植株连续不断地开花结果,根系与主、侧枝同时生长。结果期因栽培季节和环境条件不同而有较大差异。露地黄瓜结果期只有 40 天左右,日光温室冬春茬黄瓜结果期达 120～150 天。结果期的长短是产量高低的关键所在,生产上应千方百计延长结果期。一般早熟品种结果期短,晚熟品种结果期长。结果期的长短主要取决于环境条件和栽培技术措施。通过人工打顶、去杈,能调节植株以开花结果为主,抑制根系、主蔓及侧枝的生长。结果期应加强水分、养分、温度和光照的管理,延长结果期。

三、黄瓜对环境条件的要求

(一)对温度的要求

1. 最适温度 黄瓜是典型的喜温作物,生长发育的适宜温度为15℃～32℃,白天20℃～32℃,夜间15℃～18℃。光合作用适宜温度为25℃～32℃。黄瓜所处的环境不同,生育适温也不同。光照强度在1万～5.5万勒范围内,光照强度每增加3 000勒,生育适温提高1℃。另外,在空气湿度高和二氧化碳浓度高的条件下,生育适温也会提高,生产上要根据不同环境条件,采用不同的温度管理指标:光照弱,采用低温管理;增加二氧化碳浓度,采用高温管理。

2. 最高温度 一般情况下温度在32℃以上,黄瓜呼吸量增加,光合产量开始下降;35℃左右,光合产量与呼吸消耗处于平衡状态;35℃以上,呼吸消耗高于光合产量;40℃以上,光合作用急剧衰退,代谢功能受阻,生长停滞。在40℃以上45℃以下3小时,叶色变淡,雄花落蕾或不能开花,或花粉发芽率低,导致畸形果发生,在45℃以上50℃以下1小时,呼吸作用完全停止,出现日灼。大棚栽培,在有机肥施用量大、二氧化碳浓度高、土壤湿度和空气湿度较大的情况下,黄瓜的耐热能力会有所提高。

3. 最低温度 黄瓜生长发育的最低温度是10℃～12℃。10℃以下,生理活动失调,生长缓慢,甚至停滞。黄瓜的冻死温度为-2℃～0℃。但黄瓜对低温的适应能力常因降温缓急和锻炼的程度不同而大不相同。植株未经低温锻炼或突然降温,在2℃～3℃时就会冻死,5℃～10℃时就会遭受寒害。经过低温锻炼的植株,不但能耐短期3℃低温,甚至遇到短期0℃低温也不会冻死。

4. 昼温和夜温 黄瓜生育期要求一定的温差。白天温度高，有利于黄瓜的光合作用；夜间低温，可减少黄瓜呼吸消耗，防止徒长。适宜的昼夜温差能使黄瓜最大限度地积累营养物质。一般以白天25℃～30℃、夜间13℃～15℃、昼夜温差10℃～15℃为宜。

在生产上，温度管理应视光照、肥料、湿度、二氧化碳等条件灵活掌握，进行“变温管理”。生育前期及阴天，宜掌握下限温度管理指标，即白天25℃，夜间13℃。生育后期及晴天，宜掌握上限温度管理指标，即白天30℃，夜间15℃。一天中，午前温度高，午后温度宜低。最好在日落4小时后保持在20℃左右，以后每隔4小时降低4℃，至清晨保持在10℃左右。这样的变温管理，对黄瓜生长发育、提高产量极为有利。

5. 有效积温 黄瓜完成某一生育阶段，需要的有效温度是相对稳定的，即在有效的温度范围内，温度高，完成某一生育阶段所需时间短；温度低，则需时间长。在一定时间内，有效温度之和称有效积温。黄瓜在各个生育阶段内对有效积温的要求，因时期的长短及生长量的不同而有很大差别（表3-1）。

表3-1 黄瓜不同生育期的有效积温 （℃）

生育时期		天 数	适宜温度	有效积温	备 注
发芽期		10～13	12～30	210～270	
幼苗期		20～30	15～25	370～380	
抽蔓期		15～20	14～24	280～380	
结果期	前 期	10～12	15～24	190～230	坐瓜至收根瓜
	结主蔓瓜期	30～40	15～30	670～900	收腰瓜、顶瓜
	结回头瓜期	30～90	16～30	690～2070	包括分枝瓜
末 期		10～15	18～25	200～240	
共 计		125～210	12～30	2610～5600	

（资料来源：《黄瓜品种和栽培技术》王贵巨，1991）

6. 地温 黄瓜对地温要求严格。黄瓜最适发芽温度为28℃～32℃，35℃以上发芽率显著降低，最低发芽温度为12.7℃。种子经吸水膨胀在－6℃～－2℃条件下处理，可在10℃低温下发芽。黄瓜根毛发生的最低温度为12℃～14℃，地温降至12℃以下，根系不伸展，吸水吸肥受到抑制，地上部不长，叶色变黄。所以，春黄瓜育苗期和定植后提高地温比提高气温更重要。黄瓜生长最适地温为25℃，最低15℃，地温最高不可超过35℃，地温过高，根的呼吸消耗加快，甚至停止生长。

(二)对光照的要求

黄瓜属短日照作物，对日照长短的要求因生态型不同而异。一般来说，低纬度地区的品种即华南型品种，要求在短日照条件下才能正常开花；而我国北方地区的品种即华北型品种，对日照长短要求不严，但8～11小时的日照条件能促进雌花的分化与形成。

黄瓜喜光，也耐弱光。光饱和点为5.5万勒，光补偿点为2 000勒，最适光照强度为4万～6万勒。在2万勒以下，植株生长缓慢。光照强度降至自然光照的1/2时，其同化量基本不变，但光照强度降至自然光照的1/4时，同化量会降低13.7%，植株发育不良，引起化瓜现象，连续阴雨10天以上，黄瓜产量会显著下降。黄瓜属比较耐弱光的蔬菜。所以，保护地设施生产，只要满足其对温度的要求，冬季仍可生产。只是由于冬季日照短，光照弱，黄瓜生育缓慢，产量较低。但冬季保护地生产可采用覆盖无滴膜和张挂反光幕等措施以提高光照强度。炎热夏季，光照过强，对生育也不利，南方地区生产上可覆盖遮阳网以降低光照强度。

黄瓜的光合强度在一天中有明显差异，每日清晨至中午最高，占全天总光合量的60%～70%，下午只占30%～40%。因此，日光温室冬季生产，草苫要早揭晚盖。

光质对黄瓜光合作用、形态及性别分化有重要作用的是

600～700纳米红光，红光可促进茎叶生长；400～500纳米蓝光可抑制生长，促进性分化。

（三）对水分的要求

黄瓜根系浅，叶面积大，对空气湿度和土壤水分要求比较严格。要求土壤相对含水量为85％～95％，空气相对湿度白天为80％，夜间为90％。

黄瓜喜温不耐旱，生产上必须经常浇水才能保证正常结果和获得高产。但一次浇水过多又会造成土壤板结和积水，影响土壤透气性，不利于植株的生长。特别是早春和秋冬季节，土壤温度低，湿度大，极易发生寒根、沤根和猝倒病。因此，生产上黄瓜浇水是一项技术性较高的管理措施。

黄瓜在土壤湿度较高时，可耐受较低的空气湿度。因此，生产上采用膜下暗灌的方法，既可保证土壤水分充足，又能使空气湿度较小，有利于黄瓜正常结果，减少病害发生。

黄瓜在不同生育阶段对水分的要求不同。幼苗期水分过多，空气湿度大，易发生秧苗徒长，雌花晚而且数量少；水分过分控制，又易形成老化苗。适宜的土壤水分和空气湿度有利于雌花形成。初花期可适当控水蹲苗，促进根系发育，为结果期打好基础。结果期营养生长和生殖生长同步进行，叶面积逐步扩大，叶片数不断增加，果实发育快，对水分要求多，必须供给充足的水分才能获得高产。

露地栽培，主要通过灌溉、排水、中耕调节土壤水分；保护地栽培，除上述措施外，还可以通过地膜覆盖、通风等措施来调节土壤水分和空气湿度。

（四）对土壤的要求

黄瓜根系浅，最好选择富含有机质，透气性好，既能保水又能排水的腐殖质壤土进行栽培。黄瓜在黏性土壤中生育迟，但生育期长，产量较高；沙土或沙质土壤栽培黄瓜，生育早，早期产量高，但易衰老，总产量低。黄瓜适宜在微酸性到弱碱性的土壤中栽培，pH 值 5.5～7.6 均能适应，最适宜的土壤 pH 值为 6.5，pH 值过高易烧根，发生盐害；pH 值过低，易发生多种生理障碍、黄化和枯萎；pH 值在 4.3 以下，黄瓜就不能生长。黄瓜忌连作，连作易发生枯萎病，最好轮作 3 年以上。

（五）对矿质营养的要求

黄瓜生长需要多种矿质元素，并且只有在各元素之间保持适当比例的条件下，才能正常生长发育。据日本专家试验，一般每生产 1 000 千克黄瓜需吸收氮（N）4.1 千克、磷（P_2O_5）2.3 千克、钾（K_2O）5.5 千克、钙（CaO）3.1 千克、镁（MgO）0.7 千克。其中氮、磷、钾的比例为 1∶0.6∶1.3。对五大要素的吸收量以钾最多，钙其次，再次是氮，磷和镁较少。生产上施肥量大大超过实际需肥量。应尽量多施优质的腐熟有机肥作基肥。一般露地每 667 米^2 基肥量为 5 000 千克，温室、大棚基肥高达 10 000 千克以上。追肥一般为基肥量的 1/3 左右。另外，黄瓜还需要锰、铜、硼、锌等微量元素参与植株体内多种酶的生理活动，如缺乏会引起各种缺素症。

黄瓜育苗期施磷肥的效果特别显著，此时不可忽视磷肥的施用。采收盛期吸收氮、磷、钾元素的 50%～60%。因此，在播种时应以少量磷肥作种肥，苗期喷磷酸二氢钾，定植 30 天前后即根瓜采收前后进行追肥，并逐渐加大追肥量及追肥次数，一般每 667 米^2 施追肥 15～20 千克。一般配合浇水追施化肥。

（六）对气体的要求

1. 氧气 根系的生理活动离不开氧气。土壤中氧气的含量因土质、有机质含量、土壤湿度大小而不同。黄瓜根系最适宜的土壤含氧量为15%～20%，低于2%时生长不良。为此，生产上通过多施有机肥、中耕来改善土壤的通气性。在土壤板结或过湿的情况下，氧气不足，土壤呈还原状态，会形成多种有毒物质，影响根系活动，并导致病害发生。

2. 二氧化碳 二氧化碳和水是黄瓜进行光合作用制造有机物的原料。一般条件下，黄瓜的光合强度随二氧化碳浓度的升高而增高，空气中二氧化碳浓度约为0.03%，远不能满足黄瓜光合作用所需，在密闭的保护地设施内，上午6～8时，由于有机物的分解，二氧化碳浓度可达0.1%，随着黄瓜光合作用的吸收利用，至9～10时，二氧化碳浓度降至0.01%以下，以至光合强度大为减弱。因此，在温度条件允许的情况下，应及时通风，引入外界的二氧化碳，或人工施放二氧化碳以补充其不足。当二氧化碳浓度提高至0.1%时，可提高产量10%～20%；提高至0.63%时，则可增产50%左右。增施二氧化碳，还可使黄瓜果实光泽变好，维生素C含量提高17%，黄瓜果实营养品质和外观好，一级品率提高10%～20%，并降低霜霉病发病率30%左右。

3. 其他气体 在大棚和日光温室内，由于大量施用氮肥、塑料薄膜添加剂的释放以及加温时燃烧煤炭等，有时会积累氨、二氧化氮、二氧化硫和一氧化碳等有毒气体。这些有毒气体达到一定浓度时，会影响黄瓜的生长发育，严重时能使植株死亡。在栽培中，应及时通风换气、排除有毒气体的积累。

第四章　黄瓜优良品种

充分利用品种自身的抗性，抵御病虫危害，降低农药的使用量，是实施黄瓜无公害高效栽培的最佳途径。

一、黄瓜优良品种的选择原则

一般说来，一个真正的好品种，在生产上推广应用，可以保持10年甚至更长时间。而有的品种，亲本还未选纯、稳定，又未经对比试验，便急于推广应用，其品种性状不稳定，1～2年后就会被淘汰。现在，种子市场上品种繁多，也比较复杂，有的从商业利益考虑，同一品种采用多个品名 。因此，生产者在选择品种时，要遵循以下原则。

第一，选择的品种要与自己的栽培条件相适应。黄瓜品种按其栽培方式，可以分为春大棚品种、秋大棚品种；日光温室春秋茬品种、日光温室早春茬品种、日光温室秋冬茬品种；露地分为春播品种、夏播品种、秋播品种等。不同类型的品种对生态条件的要求不一样，要认真阅读品种介绍，选择最适合自己栽培条件的品种。

第二，品种的瓜条性状要符合当地或销往地区的消费习惯。瓜条性状包括瓜条的长短，瓜皮及瓜肉的色泽，刺瘤有无或疏密，刺的颜色，瘤的大小等，要根据主销地消费者对瓜条性状的要求，选择适销对路的品种。

第三，新品种要求兼抗多种病害，露地品种要求抗当地1～2种主要病害，兼抗其他病害；保护地最好能抗枯萎病等土传病害，兼抗其他病害。同时，要求品质优良，瓜条商品性好。

第四，新品种引进时要经过2年以上对比试验才能在本地区逐渐推广应用。第一年与当地主栽品种进行小面积（2～3架）对比试验，第二年选留1～2个品种适当扩大面积（6.67～13.34米^2）再进行试验，最后确定适宜推广的品种并逐步掌握新品种特性及栽培特点。然后才能在本地区大面积推广，以免造成经济损失。

二、黄瓜优良品种介绍

（一）露地黄瓜优良品种

1. 津春4号 天津市黄瓜研究所育成的一代杂种。1997年获天津市科技进步一等奖。植株生长势强，分枝较多，叶片较大而厚，深绿色。主蔓结瓜为主，主、侧蔓均有结瓜能力，且有回头瓜。瓜长棒形，瓜色深绿，有光泽，长30～35厘米，单瓜重200克左右。密生白刺，棱瘤明显，瓜肉厚，质脆，风味清香。抗霜霉病、白粉病及枯萎病。每667米^{2}产量5 500千克以上。适宜春、秋季露地栽培。

2. 津优40号 天津市科润黄瓜研究所育成的一代杂种。2003年通过天津市科委组织的专家鉴定。植株生长势强，叶片较大。主蔓结瓜为主。瓜色深绿，光泽度好，瓜条顺直，瓜长约33厘米，瓜把短，横径约3厘米，心腔小，单瓜重170克左右。刺瘤较密，瓜肉淡绿色，质脆，味甜。耐热能力较强，在高温炎热季节（35℃以上），可以正常生长，畸形瓜率低于15%。抗霜霉病、白粉病和枯萎病。每667米^{2}产量5 000～6 000千克。适宜春、夏、秋露地栽培。

3. 津绿5号 天津市绿丰园艺新技术开发有限公司育成的一代杂种。2005年通过天津市科委组织的专家鉴定。植株生长势较强，主蔓结瓜为主，侧蔓也有结瓜能力。瓜色深绿，有光泽，瓜条顺直，瓜长35厘米左右，瓜把短，心腔小，单瓜重200克左右。刺瘤明显，瓜肉淡绿色，质脆，味甜，品质优。高抗霜霉病、白粉病和枯萎病。丰产潜力大，春播每667米^{2}产量5 500千克左右。适宜春、秋露地栽培。

4. 中农6号 中国农业科学院蔬菜花卉研究所育成的中熟一代杂种。植株生长势强。主、侧蔓结瓜，春播第一雌花着生在主蔓4～6节，每隔3～5片叶出现1朵雌花。瓜色深绿，有光泽，无黄色条纹，瓜长30～35厘米，瓜把短，横径约3厘米，心腔小，单瓜重200克左右。瘤小，刺密，无棱，质脆味甜，品质佳，商品性好。较耐热。抗霉霜病、白粉病和黄瓜花叶病毒。每667米^{2}产量4 500～5 000千克。适宜华北地区春季露地及华南地区夏、秋季露地栽培。

5. 中农8号 中国农业科学院蔬菜花卉研究所育成的中熟一代杂种。2000年获北京市科技进步二等奖。植株生长势强，株高2.2米以上。主、侧蔓结瓜，第一雌花着生在主蔓4～7节，每隔3～5片叶出现一雌花。瓜色深绿，富有光泽，无黄色条纹，瘤中，刺密，白刺，无棱。瓜条长棒形，顺直，长35～40厘米，横径3～3.5厘米，瓜把短，单瓜重250克左右。质脆，味甜，品质佳，商品性好。抗霜霉病、白粉病、枯萎病和黄瓜花叶病毒。每667米^{2}产量5 000千克以上。该品种是南菜北运，对外出口和腌渍加工的优良品种。适宜春、秋季露地栽培。

6. 中农10号 中国农业科学院蔬菜花卉研究所育成的中熟雌型一代杂种。2001年通过山西省农作物品种审定委员会审定。植株生长势强，分枝较多，叶色深绿。主、侧蔓结瓜，瓜码密，第一雌花着生在主蔓3～5节，以后节节为雌花。雌花分布受温度和光照影响，春季表现为全雌型，夏、秋季表现为半雌型。瓜色深绿，略有黄色条纹，瓜条长棒形，长25～32厘米，瓜把短，横径约3厘米，单瓜重150～200克。刺瘤密且显著，白刺，无棱，肉质脆嫩。耐热、耐涝性强。抗霜霉病、白粉病和炭疽病。春季每667米^{2}产量5 000～6 000千克，秋季产量3 000～4 000千克。适宜春、秋露地栽培。

7. 中农20号 中国农业科学院蔬菜花卉研究所育成的中早熟一代杂种。植株生长势强，分枝中等。主蔓结瓜为主，早春栽培第一雌花着生在主蔓5～7节，连续坐瓜能力强。瓜皮深绿色，有光泽，瓜长30～35厘米，横径3.4厘米左右。商品瓜率高。刺密，白刺，瘤小，无棱，微纹，口感脆甜，尤其适合超市销售。高抗西葫芦花叶病毒、西瓜花叶病毒，抗细菌性角斑病、霜霉病、白粉病，中抗枯萎病、黄瓜花叶病毒。适宜春、夏、秋季露地栽培。

8. 中农106号 中国农业科学院蔬菜花卉研究所培育的耐热型露地中熟一代杂种。2008年通过山西省农作物品种审定委员会审定。植株生长势强，分枝中等。主蔓结瓜为主，早春栽培第一雌花着生在主蔓5节左右。瓜色深绿，瓜长35厘米以上，心腔小。刺瘤密，白刺，瘤小，无棱，少纹，口感脆甜，商品瓜率90%左右。耐热。高抗黄瓜花叶病毒，抗西瓜花叶病毒、白粉病、细菌性角斑病、枯萎病，中抗霜霉病。适宜春、夏、秋季露地栽培。

9. 鲁黄瓜9号 山东省农业科学院蔬菜研究所育成的早熟一代杂种。2003年获山东省科技进步二等奖。植株生长势较强，主蔓结瓜早。对光、温不敏感，在夏、秋季高温长日照条件下栽培，仍能大量出现雌花。瓜色翠绿，有光泽，无黄色条纹。瓜长棒形，长30厘米左右，瓜把短，粗细均匀。白刺，刺密，瘤小。商品性好，幼瓜(瓜长约15厘米)适合腌渍加工。抗枯萎病、霜霉病和白粉病。每667米^{2}产量7 000～8 000千克。适宜春、秋季露地栽培。

10. 园丰元6号 山西省夏县园丰蔬菜科学研究所育成的中早熟一代杂种。植株生长势强，主、侧蔓结瓜，第一雌花着生在主蔓4节左右，瓜码较密。瓜色深绿，有光泽，瓜长33厘米左右，瓜把短。瘤小，刺密，质脆，味甜。耐热性强。高抗霜霉病、白粉病、炭疽病和枯萎病。适宜春、夏、秋季露地栽培和秋延后大棚栽培。

11. 冀黄瓜3号 河北省农林科学院蔬菜所育成的中熟品种。2004年通过河北省农作物品种审定委员会审定。植株生长势强，分枝多。第一雌花着生在主蔓7～8节。生育期120天左右。瓜色深绿，平均瓜长34厘米，单瓜重200克左右。白刺，刺瘤密，风味甜，品质好。抗霜霉病、疫病、细菌性角斑病，耐白粉病。每667米^{2}产量5 000千克左右。适宜露地栽培。

12. 春华1号 山东省青岛市农业科学研究院蔬菜所育成的华南型黄瓜一代杂种。2010年通过山东省农作物品种审定委员会审定。植株生长势强，叶色深绿。主、侧蔓同时结瓜，以主蔓结瓜为主，雌花节率在90%左右。瓜色浅绿，有光泽，瓜条顺直，短圆筒形，长约18厘米，瓜把短，横径约3厘米，平均单瓜重152克。瓜表面光滑无棱沟，刺白色，小且稀少。商品性好，风味品质优良。田间表现中抗细菌性角斑病，抗霜霉病及白粉病。适宜春季露地栽培。

13. 华黄瓜4号(白玉) 华中农业大学育成的早中熟华南型黄瓜品种。2004年通过湖北省农作物品种审定委员会审定。植株生长势强，叶片较大，叶色浅绿。第一雌花着生在主蔓3～4节，瓜码密，20节内坐瓜7～8条，主、侧蔓同时结瓜。瓜乳白色，瓜条直，瓜长25～28厘米，横径约3.4厘米，无瓜把，心腔小。无刺，瓜皮较厚。单瓜重180～200克。春播至始收65天左右，全生育期115天左右。较抗霜霉病、炭疽病、白粉病等。每667米^{2}产量5 000千克左右。适宜湖北省春季露地栽培。

14. 湘黄瓜6号(夏园1号) 湖南省长沙市蔬菜研究所与亚

华种业科学院长沙蔬菜育种中心育成的一代杂种。2001 年通过湖南省农作物品种审定委员会审定。植株生长势强，叶片深绿色。以主蔓结瓜为主，分枝少。雌花节率 20%左右。瓜绿色，有光泽，无花纹，瓜棒形，长约 30 厘米，横径约 3.8 厘米，单瓜重 280～300 克。白刺较稀，瘤不明显，肉质脆嫩，品质优，商品性好。耐热，抗逆性强。田间表现抗霜霉病、疫病和枯萎病。每 667 米^2 产量 2 300～2 600 千克。适宜湖南地区春、夏、秋季露地栽培。

15. 粤秀 8 号 广东省农业科学院蔬菜研究所育成的华南型中早熟一代杂种。2008 年通过广东省农作物品种审定委员会审定。植株生长势较强，分枝性中等，叶片深绿色。从播种至始收，春季 57 天，秋季 46 天。主、侧蔓结瓜，回头瓜多。瓜色深绿，有光泽，黄色条纹不明显，瓜长棒形，瓜长 38～40 厘米，横径约 4.1 厘米，单瓜重约 400 克。刺瘤较大且密，白刺，肉质脆，味微甜，商品瓜率 91.7%。较耐热，耐寒，耐涝中等，抗枯萎病。每 667 米^2 产量约 4 000 千克。适宜华南地区春、秋两季栽培。

16. 广研 1 号 广州市蔬菜科学研究所育成的一代杂种，于 2003 年通过广东省农作物品种审定委员会审定。植株生长势强，分枝性中等。第一雌花着生在主蔓 5.5 节左右。瓜长棒形，瓜条顺直匀称，瓜色深绿，有光泽，黄色条纹少。平均瓜长 34.2 厘米，横径约 4.5 厘米，肉厚约 1.3 厘米，瓜把短，平均单瓜重 343 克。心室小，刺瘤细小，白刺，口感脆，微甜，品质较好。早熟，春播种至初收 57 天左右。田间表现霜霉病重。适宜广东省各地春、秋季种植。

17. 青丰 2 号 广东省汕头市白沙蔬菜原种研究所育成的一代杂种。2006 年通过广东省农作物品种审定委员会审定。植株生长势强，分枝性强，叶片深绿色。第一雌花着生在主蔓 6～8 节，雌花多，坐瓜能力强。播种至初收，春播约 60 天，秋播约 40 天。皮绿白色，黄色条纹明显，瓜圆筒形，瓜长约 25 厘米，横径约 5 厘米，单瓜重约450克。瘤小，刺疏，白刺，肉质绵，微甜。田间表现耐热、耐寒和耐涝性强，高抗霜霉病、白粉病，中抗枯萎病。适宜华南地区推广种植。

（二）早春露地与塑料大棚兼用优良品种

1. 津优1号　天津市黄瓜研究所育成的一代杂种。1999年获天津市科技进步一等奖。植株生长势强、紧凑，叶色深绿。以主蔓结瓜为主，第一雌花着生在主蔓4～5节，雌花节率25%，回头瓜多。瓜色深绿，有光泽，顺直，瓜长棒形，长36厘米左右，瓜把短。单瓜重250克左右，刺瘤明显，密生白刺，瓜肉浅绿色，质脆，品质优。每667米^{2}产量5 000～6 000千克。适宜早春小拱棚及秋季大棚栽培，也适宜海南地区秋季种植，是南菜北运的主栽品种之一。

2. 津优12号　天津市科润黄瓜研究所育成的新品种。2003年通过天津市农村工作委员会组织的成果鉴定。植株生长势中等，叶片大小中等，叶色深绿。主蔓结瓜为主，侧枝也具有结瓜能力。春季第一雌花着生在主蔓4节左右，雌花节率50%左右；秋季第一雌花着生在主蔓5～7节。瓜色深绿，有光泽，瓜长35厘米左右，单瓜重200克左右。瘤显著，密生白刺，瓜肉淡绿色，质脆，味甜。抗枯萎病、霜霉病、白粉病和病毒病。适宜春露地和春、秋大棚栽培。

3. 中农16号　中国农业科学院蔬菜花卉研究所育成的早熟一代杂种，2005年通过山西省农作物品种审定委员会认定。植株生长速度快，从播种至始收52天左右。主蔓结瓜为主，第一雌花着生在主蔓3～4节，以后每隔2～3片叶出现1～2节雌花，瓜码较密，结瓜集中。瓜色深绿，有光泽，无黄色条纹，瓜长棒形，长28～35厘米，瓜把短，单瓜重200克左右。白刺较密。瘤小，口感脆甜，商品性极佳。高抗西葫芦花叶病毒、西瓜花叶病毒和细菌性角斑病,抗白粉病,中抗霜霉病和枯萎病。适宜春、秋大棚及早春露地栽培。

4. 园丰元3号 山西省夏县园丰蔬菜科学研究所育成的中早熟一代杂种。植株生长势强。主、侧蔓均结瓜,第一雌花多着生在主蔓4节左右,瓜码较密,瓜色深绿,富有光泽,无黄色条纹,瓜长30厘米左右,瓜把短。刺瘤中等,质脆味甜,品质佳。抗霜霉病和炭疽病,对白粉病的抗性略差。适宜春露地及春大棚栽培。

5. 华黄瓜3号(华玉) 华中农业大学育成的早熟华南型黄瓜一代杂种。2004年通过湖北省农作物品种审定委员会审定。植株生长势中等,节间短,叶片较大。主蔓结瓜为主,第一雌花着生在主蔓3～4节,瓜码密,20节内坐瓜6～7条。瓜色淡黄白,瓜条直,瓜长28厘米左右,瓜把较短,横径3.6厘米左右,平均瓜重200克。刺白色,皮较薄。较抗霜霉病、白粉病等。每667米^{2}产量4 500千克左右。适宜湖北省早春设施栽培和春露地种植。

6. 中农12号 中国农业科学院蔬菜花卉研究所育成的中熟一代杂种。2003年通过山西省农作物品种审定委员会认定。植株生长势强。主蔓结瓜为主,第一雌花着生在主蔓2～4节,每隔1～3节出现一雌花,瓜码较密。瓜色深绿,有光泽,瓜长棒形,长25～32厘米,瓜把短,横径约3厘米。单瓜重150～200克。白刺较稀,瘤小,无棱。质脆,味甜,商品性好。较早熟,从播种至始收55～58天。抗霜霉病、白粉病、黑星病和枯萎病等病害。前期产量高,连续结瓜性强。每667米^{2}产量5 000千克以上。适宜春季大棚及露地早熟栽培。

7. 吉杂8号 吉林省蔬菜研究所育成的早黄瓜一代杂种。2008年获吉林省科技进步二等奖。植株生长势强,叶片肥大,分枝性弱。主蔓结瓜为主,单株结瓜5条左右。第一雌花着生在主蔓4节左右,熟性较早,全生育期55～60天,节成性好。瓜条白绿色,瓜肩绿色,瓜棒形,瓜长18～20厘米,横径4～5厘米,单瓜重

180克左右。瓜肉厚，瓜皮薄，瓜面光滑，黑刺较稀疏，肉质细脆，风味清香，品质佳，商品性优良。对霜霉病、枯萎病、炭疽病和细菌性角斑病的抗性强于对照吉杂2号。每667米^{2}产量3 300千克以上。适于东北、内蒙古等地春季露地或保护地栽培。

8. 龙园绣春 黑龙江省农业科学院园艺分院育成的早黄瓜一代杂种。2004年4月通过黑龙江省种子管理局品种认定。植株生长势中等。主、侧蔓结瓜，瓜条发育速度快。瓜色白绿，有光泽，瓜条顺直，瓜长22厘米左右，白刺，刺稀，肉色淡绿，肉质脆嫩，耐老，味清香。商品性好。较耐寒，高抗枯萎病，兼抗霜霉病。适宜春保护地或春季露地栽培。

(三)塑料大棚与日光温室优良品种

1. 津绿3号 天津市黄瓜研究所育成的日光温室专用品种。2000年获天津市科技进步一等奖。植株紧凑，生长势强。主蔓结瓜为主，回头瓜多，第一雌花在4节左右。瓜色深绿，有光泽，瓜棒形，长30～35厘米，单瓜重150克左右。瘤显著，密生白刺，瓜肉绿白色，质脆，品质优。耐低温、弱光能力强，在11℃～14℃和8 000勒光照条件下生长正常。高抗枯萎病，中抗霜霉病、白粉病。每667米^{2}产量6 000千克左右。适宜日光温室栽培。

2. 津优13号 天津市科润黄瓜研究所育成的一代杂种。2007年5月通过天津市科委组织的成果鉴定。植株生长势强，叶片中等大小，叶深绿色。主蔓结瓜为主，第一雌花着生在主蔓4节左右，瓜条生长速度快，坐瓜率高。瓜色深绿，有光泽，瓜长32厘米左右，瓜把短，横径约3厘米，心腔小，单瓜重约185克。刺瘤较密，稍有棱，口感脆嫩，商品性好，畸形瓜率低于15%。前期耐低温，后期耐高温。抗黄瓜霜霉病、白粉病和枯萎病。每667米^{2}产量5 000千克左右。适合春、秋大棚种植。

3. 津优35号 天津市科润黄瓜研究所育成的早熟一代杂

种。2006年4月通过天津市农村工作委员会组织的专家验收。植株生长势强，叶片中等大小。主蔓结瓜为主，瓜码密，第一雌花着生在主蔓4节左右，回头瓜多，丰产潜力大，单性结实能力强，瓜条生长速度快，生长后期主蔓打顶后侧枝结瓜一般自封顶。瓜色深绿，光泽度好，瓜条顺直，瓜长33～40厘米，瓜把短，单瓜重200克左右。刺密，无棱，瘤小，瓜肉淡绿色，肉质脆甜，不弯瓜，不化瓜，畸形瓜率极低，商品性极佳。生长期长，不早衰，中抗霜霉病、白粉病和枯萎病，耐低温弱光。越冬栽培每667米^{2}产量10 000千克以上。适宜日光温室越冬茬、冬春茬及大中棚早春栽培。

4. 津优36号 天津市科润黄瓜研究所育成的早熟一代杂种。2007年4月通过天津科学技术委员会组织的成果鉴定。植株生长势强，叶片较大，叶深绿色。主蔓结瓜为主，瓜码密，回头瓜多。瓜色深绿，光泽度好，瓜条顺直，瓜长32厘米左右，瓜把短，单瓜重200克左右。刺瘤明显，浅棱，瓜肉浅绿色，口感脆甜，品质佳，畸形瓜率低，适应性强，不易早衰，持续结瓜能力强，中后期产量突出。耐低温弱光，在低温7℃、每天弱光2小时以上条件下，连续7天仍能正常生长，生长后期可耐受35℃～36℃的高温。抗枯萎病、细菌性角斑病，中抗白粉病。日光温室越冬茬每667米^{2}产量10 000～23 000千克。日光温室早春茬每667米^{2}产量7 000千克以上。适宜日光温室长季节栽培。

5. 中农21号 中国农业科学院蔬菜花卉研究所育成的日光温室越冬专用品种，2006年通过了中国农业科学院科技管理局组织的专家鉴定。植株生长势强，分枝性中等。主蔓结瓜为主，第一雌花着生在主蔓4～6节，节成性好，回头瓜较多。早熟性好，播种至始收55天左右，前中期产量高。瓜色深绿，瓜长棒形，瓜长35厘米左右，瓜把短，横径约3厘米，单瓜重200克左右。瘤小，刺白且密，风味品质好，商品瓜率高。耐低温、弱光，夜温10℃～12℃条件下能正常生长发育。高抗白粉病，抗角斑病，中抗黑星病、枯萎病和病毒病。持续结果能力强。日光温室越冬栽培每667米^{2}产量10000千克左右。适宜日光温室越冬茬和秋冬茬栽培。

6. 中农26号 中国农业科学院蔬菜花卉研究所育成的中熟日光温室专用品种。植株生长势强,分枝中等。主蔓结瓜为主,节成性好,连续坐瓜能力强,瓜条发育速度快,回头瓜较多。瓜色深绿,有光泽,无黄色条纹,瓜长30厘米左右,瓜把短,横径3.3厘米左右。刺瘤密,白刺,瘤小,无棱,口感好。商品瓜率高。综合抗病能力及耐低温、弱光能力强。每667米^{2}产量达10000千克以上。适宜日光温室越冬、早春、秋冬茬栽培。

7. 国农26号 中国农业大学农学与生物技术学院蔬菜系育成的一代杂种。植株生长势强,叶片大,绿色。早熟,春大棚栽培,第一雌花着生在主蔓3节左右,雌花节率60%以上,主蔓结瓜为主,瓜码密,单性结瓜能力强,瓜条生长快。瓜色亮绿,无黄色条纹,瓜长棒形,长约32厘米,横径3厘米左右,心腔小,单瓜重180～200克,果面较平,刺白且密,瘤小,商品性好。耐低温、高湿、弱光,适应范围广,抗霜霉病、白粉病和枯萎病。春大棚栽培比对照品种津绿3号增产15%左右。适宜日光温室冬春茬、越冬茬及塑料大棚春早熟栽培。

8. 济优10号 山东省济南市农业科学研究所育成的一代杂种。2006年通过山东省济南市科技局组织的专家鉴定。植株生长势强,叶片大小中等,深绿色,较厚。主蔓结瓜为主,第一雌花出现于主蔓5～6节,雌花节率35%左右,回头瓜多。瓜色深绿,有光泽,瓜条顺直,瓜长28厘米左右,瓜把长约4厘米,单瓜重约195克,刺密、白刺,风味佳,商品性好。苗期耐热,后期耐低温弱光。抗霜霉病、白粉病和枯萎病。每667米^{2}产量5300千克左右。适宜日光温室秋冬茬栽培。

9. 莎龙 从以色列引进的小叶密刺型品种。植株生长势强,株形紧凑。瓜码密,回头瓜多。瓜色深绿,瓜条顺直,瓜长35厘米左右，瓜短把，单瓜重 200 克左右，刺密。耐低温弱光，短时 0℃不会造成植株死亡，6℃以上可正常生长，阴天 10 天左右不化瓜，生育后期耐 38℃高温，高抗霜霉病和枯萎病，抗白粉病和黑星病。年前产量高，年后丰产性好，特别适宜北方保护地越冬栽培。

10. 中农 15 号 中国农业科学院蔬菜花卉研究所育成的早熟少刺型一代杂种。2006 年获农业部品种保护权证书。植株生长势强。以主蔓结瓜为主。第一雌花着生在主蔓 3～4 节，瓜码密。瓜色深绿一致，有光泽，无黄色条纹，瓜长筒形，瓜长 20 厘米左右，瓜把短。单瓜重 100 克左右。刺瘤稀，白刺，肉质嫩脆，味甜，品质好。具有较强的耐低温弱光能力。抗霜霉病、黑星病和枯萎病。每 667 米^2 产量 7 000 千克以上。适宜日光温室及大棚栽培。

11. 瑞光 2 号 北京市农林科学院蔬菜研究中心育成的少刺型品种。2006 年通过北京专家组鉴定。该品种为全雌型。植株生长势旺，侧枝多，单性结瓜能力强，可持续结瓜。瓜色深绿，着色均匀，有光泽，瓜长约 24 厘米(冬季 20 厘米)，无瓜把，横径约 3 厘米，整齐度高，少刺瘤，无果霜，清香味浓，货架期长。兼具耐低温、耐弱光、耐热。在越冬温室条件下不易化瓜，畸形瓜率低，特别适合长季节种植，生育期达 7 个月。耐真菌和细菌性病害。每 667 米^2 产量约 10 000 千克。适宜华东、华南地区种植。

12. 绿衣天使 山东省农业科学院蔬菜研究所育成的少刺型一代杂种。2004 年通过山东省科技厅组织的成果鉴定。植株生长势强，分枝性强。主、侧蔓均可坐瓜。瓜色翠绿，均匀，有光泽。瓜条顺直，粗细均匀，整齐，瓜长 20～25 厘米，瓜把极短，种子腔小，刺白稀少，无瘤，质地脆嫩，清香浓郁，适合生食，适合出口及超市销售。冬季不易花打顶，春季恢复生长速度快。抗霜霉病、白粉病和黑星病，较抗枯萎病。每 667 米^2 产量 10 000 千克以上。适宜华北地区日光温室越冬茬栽培。

13. 吉杂 9 号 吉林省蔬菜研究所育成的旱黄瓜一代杂种。

2006 年通过吉林省农作物品种审定委员会审定。植株生长势强。主蔓结瓜为主，节成性好，坐瓜多。早熟，生育期 55 天左右。瓜色绿白，瓜棒形，长 20～25 厘米，单瓜重 150～200 克。黑刺，肉质细脆，微甜有香气，果实商品性状优良。较抗枯萎病和霜霉病。每 667 米² 产量约 6 318 千克。适宜吉林省保护地栽培。

14. 鄂皇 3 号 湖北省黄石市蔬菜科学研究所育成的一代杂种。2007 年通过湖北省农作物品种审定委员会审定。植株生长势强，节间短，分枝弱。主蔓结瓜为主，第一雌花着生在主蔓 2～4 节，瓜色绿白，瓜条圆柱形，顺直，瓜长 28～32 厘米，瓜把短粗，横径 4.9～5.1 厘米，心腔小，单瓜重 260～300 克。刺瘤稀疏，浅棱，瓜肉厚，味浓质脆，生食口感好。极早熟，耐寒，耐弱光。每 667 米² 产量 4 500～5 600 千克。适宜长江流域春、秋大棚栽培。

15. 川绿 1 号 四川省农业科学院园艺研究所育成的华南型黄瓜一代杂种。于 2006 年通过四川省农作物品种审定委员会审定。植株生长势强，叶片较大，叶色深绿，茎粗壮，节间短。主蔓结瓜为主，第一雌花着生在主蔓 2～3 节，雌花节率 75%以上，一株能同时坐 2～4 条瓜，连续结瓜能力强。瓜绿色，有光泽，瓜条顺直，瓜长 22～25 厘米，瓜把短，横径 4～4.5 厘米，单瓜重 200～300 克，白刺瘤中等，稀少，品质好。早熟，早春播种至始收 55 天左右。抗霜霉病、枯萎病和白粉病。每 667 米² 产量约 3 800 千克。适宜四川地区早春大棚或小拱棚栽培。

(四)欧洲型小黄瓜(水果黄瓜)优良品种

1. 戴多星 引自荷兰瑞克斯旺公司。植株生长势中等，生育期较长，开展度大。孤雌生殖，单性花，每节 1～2 个瓜。瓜色浅绿，微有棱，瓜型短小，瓜长 12～16 厘米，心腔占横径 50%左右，口感好，综合性状优良。抗黄瓜花叶病毒，耐霜霉病、叶脉黄纹病毒病和白粉病。适宜早秋、早春日光温室和大棚栽培。

2. 拉迪特 引自荷兰瑞克斯旺公司。植株生长势中等，叶片小，叶色浅绿，孤雌生殖，多花性，每节3～4个瓜。瓜长12～18厘米，表面光滑，稍有棱，果实味道鲜美，商品性好。耐高温能力强，耐霜霉病，抗黄瓜花叶病毒病、黄脉纹病毒病、白粉病和疮痂病，产量高，商品性好，比同类品种售价高20%以上。适宜越夏和秋延后种植。

3. 洛瓦 引自荷兰皇家种子公司，为一代杂种。植株生长势强，全雌性，主蔓结瓜为主，每节都可坐瓜。瓜色深绿，瓜圆柱形，上下粗细一致，瓜长14～16厘米，横径约3厘米。表面平滑，无瘤无刺。耐低温和弱光，抗霜霉病。适宜保护地越冬、早春及秋延后栽培。

4. 冬秀 引自法国威迈种子公司。植株生长强，节间短，侧枝发达，全雌性，中早熟，节节坐瓜。瓜色深绿，有光泽，瓜条长15厘米左右，横径3.5～4厘米。微有棱，口味佳。耐低温弱光，抗白粉病和霜霉病，产量高。适宜大棚越冬和早春栽培。

5. 欧宝 引自法国G.S.N种子公司。植株健壮，生长势强，全雌性，以主蔓结瓜为主，每节均可坐瓜。瓜绿色，圆柱形，瓜长12～16厘米，横径约3厘米，上下粗细一致。表面光滑，无刺，无瘤，耐贮运，口味佳，品质好。耐低温和弱光能力强，抗白粉病。每667米^{2}产量10 000千克以上。适宜秋延后、温室越冬和早春栽培。

6. 萨瑞格 引自以色列海泽拉优质种子公司。植株生长势旺盛，全雌性，单性结瓜，早熟。瓜暗绿色，瓜长14～16厘米，表面光滑无刺。低温下坐瓜能力强。抗白粉病。产量高，结瓜期较集中。适宜冬春、早春和秋冬茬日光温室栽培。

7. 德里拉 引自以色列海泽拉优质种子公司的一代杂种。植株生长势强，全雌性，单性结瓜，熟性早。瓜色暗绿，瓜圆柱形，瓜长15～17厘米，整齐。无刺瘤，有轻度波纹。适应性强，抗黄瓜花叶病毒和西瓜花叶病毒。前期产量高。适宜各地露地栽培。

8. 中农19号 中国农业科学院最新育成的雌型一代杂种。2005年获得农业部品种保护权证书。植株生长势强，分枝性强，顶端优势突出，节间粗短。第一雌花着生在主蔓1～2节，其后节节为雌花，连续结瓜能力强。瓜色亮绿一致，有光泽，无黄色条纹。瓜短筒形，长15～20厘米，单瓜重约100克。果面光滑，无刺瘤，口感脆甜。耐低温弱光能力强。抗枯萎病、黑星病、霜霉病和白粉病。每667米^{2}产量10 000千克以上。适宜各地保护地栽培。

9. 中农29号 中国农业科学院蔬菜花卉研究所最新育成的一代杂种。植株生长势强，分枝性强，顶端优势突出，节间短粗，第一雌花着生在主蔓1～2节，其后节节为雌花，连续坐瓜能力强。瓜色深绿，均匀一致，瓜短筒形，瓜长13～15厘米，单瓜重约80克。果实表面光滑，口感脆甜，风味好，商品瓜率高。耐低温、弱光能力强，抗病性强。每667米^{2}产量可达10 000千克以上。适宜各地保护地栽培。

10. 春光2号 北京市裕农蔬菜园艺研究所育成的一代杂种。2001年通过北京市农作物品种审定委员会审定。植株生长势强。主蔓结瓜为主，强雌性，第一雌花着生在主蔓4～5节，雌花节率高，单性结实，持续结瓜能力强。瓜色亮绿，瓜条顺直。瓜长约20厘米，横径约3厘米，单瓜重120克左右。瓜肉厚，果面光滑无刺或略有隐刺，质地脆嫩，口感香甜，适于鲜食。耐低温弱光能力强，高抗枯萎病，较耐霜霉病。每667米^{2}产量4 000～5 000千克。适宜日光温室秋茬及冬春茬栽培。

11. 京研迷你4号 北京市农林科学院蔬菜研究中心育成，2006年通过北京市专家组的鉴定。植株生长势强，侧枝多，叶片较大，叶色浅绿。全雌型，单性结实能力强，可连续结瓜。瓜色亮绿，着色均匀，瓜长12～15厘米，无瓜把，横径约2.6厘米，单瓜重70克左右。无刺瘤，清香味浓、口感甜脆，商品性好。兼具耐低温弱光与耐热性，生育期长达 7 个月。越冬日光温室栽培不易化瓜，畸形瓜率低。抗霜霉病、白粉病和枯萎病，耐细菌性角斑病。每 667 米^2 产量 10 000 千克以上。适宜春、秋大棚及日光温室长季节栽培。

12. 哈研 1 号 黑龙江省哈尔滨市农业科学院育成的水果型全雌性一代杂种。2007 年通过黑龙江省农作物品种审定委员会认定。植株生长势强，叶中等大小，叶片上倾，叶色浓绿。主蔓结瓜，单性结实。瓜色深绿、有光泽，瓜形顺直，瓜短棒形，瓜长约 13 厘米，无瓜把，横径约 2.5 厘米，心腔小，平均单瓜重 94 克左右。无刺瘤，瓜肉绿色，皮薄，肉厚，清香味浓，略带甜味，商品性好。适应性广，抗霜霉病、枯萎病。保护地栽培每 667 米^2 产量 7 000 千克左右。适宜日光温室越冬长季节栽培和大棚早春栽培。

13. 东农 804 东北农业大学园艺学院选育的一代杂种。2008 年通过黑龙江省农作物品种审定委员会审定。植株生长势强，叶片深绿色，茎秆粗壮，分枝少，主蔓结瓜，节成性好，第一雌花着生在主蔓 7～8 节，其后节节有瓜。瓜色深绿，有光泽，瓜长 22～24 厘米，横径 3 厘米左右，心腔小，单瓜重 150～180 克，商品瓜率大于 85%。抗病性好，高抗细菌性角斑病和枯萎病，抗霜霉病、白粉病。每 667 米^2 产量 3 800～4 300 千克。适宜华北、东北地区春、秋保护地栽培。

14. 航翠 1 号 浙江省杭州市农业科学研究院蔬菜所育成的一代杂种。2008 年通过浙江省农作物品种审定委员会认定。植株生长势较强，叶色深绿，以主蔓结瓜为主，第一雌花着生在主蔓 1 节，强雌型。瓜绿色，无黄色条纹，瓜短圆柱形，长 15 厘米左右，横径约 3.1 厘米，单瓜重 110 克左右。无刺瘤，瓜肉浅绿色，口感较脆，微甜，商品性较好。中抗疫病和霜霉病，抗灰霉病。单株一般可采收 15 条商品瓜。每 667 米^2 产量春季约为 5 700 千克，秋季约为 4 900 千克。适宜春、秋大棚栽培。

第五章　黄瓜育苗技术

一、常规育苗

（一）育苗场地

1. 温室育苗　在寒冷季节，为日光温室，早春大棚栽培育苗。

2. 冷床育苗　为露地春黄瓜栽培育苗。

3. 温室、塑料拱棚配套育苗　在温室内培育小苗，真叶出现后移植到塑料拱棚内育成大苗。

4. 防雨降温棚育苗　为秋延后栽培育苗。

（二）种子准备与处理

1. 种子选择　在播种前先做发芽率和发芽势检测。挑选发芽率高、发芽势强的种子播种，保证出苗速度快，出苗率高。

2. 种子消毒　黄瓜种子表面甚至内部常带有炭疽病、细菌性角斑病、枯萎病等多种病原菌，因此播种前应进行种子消毒。其消毒方法有 4 种。

(1)*温汤浸种法*　是最简单实用的方法。先用凉水把种子浸湿，再用 50℃～55℃的热水浸泡。热水量是种子量的 4～5 倍，不停地搅拌种子，当水温下降时，再加热水，使水温保持 50℃～55℃ 10～15 分钟，然后把种子捞出用湿布包好待播。

(2)*甲醛消毒法*　先把种子放入清水中浸泡 2～3 小时，再把种子放入配好的40%甲醛100倍液中浸泡15～20分钟，捞出种子用湿布包好，放入密闭的容器中，闷2～3小时，充分发挥药剂杀菌效力，最后用清水将种子上的药液冲洗干净。

(3)高锰酸钾消毒法　将浸泡后的种子放入0.1%的高锰酸钾溶液中浸泡30～60分钟，浸泡后立即播种。

(4)多菌灵消毒法　用50%多菌灵可湿性粉剂500倍液，浸泡种子30分钟然后播种。

3. 抗寒锻炼　需要进行抗寒锻炼的种子，将浸泡萌动的种子，放在0℃条件下，处理1～2天，也可以放在－4℃～－2℃的环境中2～3小时，然后用清水解冻，催芽时先放在20℃环境中处理2～3小时，再增温至25℃左右催芽。经过抗寒锻炼的种子，发芽粗壮，幼苗抗寒能力增强，且有早熟高产的效果。

4. 浸种催芽　经过消毒处理的种子，放入25℃～30℃的温箱或火炕上进行催芽，80%左右种子出小芽方可播种。如遇到阴天等原因不能立即播种时，可以把种子放在10℃左右的低温下控制芽的伸长。

(三)营养土的配制及消毒

1. 营养土的配制　营养土又称床土，是人工配制或混合好的肥沃土壤。营养土配方很多，视各地条件而定，生产上普遍采用田土4份、马粪或草炭土或堆肥6份，如果土壤黏重可加入1份炉灰或沙子，然后每立方米床土中加入腐熟的人粪干或鸡粪干15～25千克，或加入磷酸钙1～2千克、尿素250～300克。各种成分混合均匀后过筛，即配成营养土。

2. 营养土消毒　老菜区的田土一般带病原菌，所以应对床土进行消毒。

(1)甲醛消毒法　用40%甲醛100倍液喷洒床土。1千克药液可处理4～5米^{3}床土。方法是把床土铺开后喷洒药液，充分拌匀后，再堆积起来并覆盖塑料薄膜，2～3 天后打开薄膜把床土堆散开，晾晒 7～14 天即可使用。

(2)多菌灵消毒法　用 50%多菌灵可湿性粉剂 500 倍液喷洒床土，每立方米床土用药量 25～30 克。

(3)高温发酵消毒法　在高温季节，把床土、圈肥、秸秆分层堆积，每层 15 厘米厚，土堆底直径 3～5 米、高 2 米，呈馒头形，外面抹一层泥，上面留一个口，从口中倒入大粪水、淘米水等。育苗前刨开土堆即可使用。

3. 营养钵制作

(1)纸袋　用旧报纸裁成条后卷成筒袋，把营养土装入纸袋内，一个靠一个地摆在苗床内。纸袋的直径为 8～10 厘米、高 8～10 厘米。

(2)塑料薄膜筒　将塑料薄膜裁成 10 厘米宽的条，缝粘成直径 10 厘米的筒，内装营养土。

(3)塑料钵　用聚乙烯塑料压制而成，多数产品上口略大，底部有排水孔，如小花盆状。黄瓜宜用直径 8～10 厘米规格的聚乙烯塑料钵。

(4)营养土块(方)　将配好的营养土用水和成泥，先在苗床上撒一层细沙或炉灰，然后把和好的营养土泥摊开抹平 10 厘米厚，用刀切成 10 厘米×10 厘米见方的土块，每个土块中央用小棍扎一个深度 2 厘米的小孔，留作播种或移苗用。也可直接把营养土平铺在地上，稍稍踩实，然后浇透水，用刀切成土块。最好用机具制作土块，不但效率高，而且有的机具还可以同时进行播种作业。

(四)播　种

1. 贴小芽法　把营养钵装上床土后，浇透水，营养土块可以边做边播种，如果是提前做好了的营养土块，播种前要浇透水，把发芽的种子一粒一粒摆在营养钵(土块)的中央，每一个营养钵放

1粒种子，播种后覆土厚1.5厘米。

2. 移苗法

(1)育苗盘内育小苗　在育苗盘内放入炉灰、沙子、锯末等整平后喷透水，把已催芽的种子均匀放在育苗盘内，盖1厘米厚沙子，再覆盖塑料薄膜，注意留一定空隙。播种后将育苗盘移至温室床架上，温度昼夜保持25℃～30℃，经过1～2天后，连续出苗，应及时去掉塑料薄膜，防止徒长。

(2)移苗　小苗子叶展平时，即可移苗，将小苗移至营养钵或营养土块上，浇透水并保持较高温度，促进新根生长。温度白天保持25℃～28℃、夜间18℃～20℃，地温15℃～20℃。一般3～4天长出新根和新叶，标志缓苗期结束，开始进入成苗阶段。

(五)苗期管理

幼苗从第一片真叶展开至长出4～5片真叶的30～45天为幼苗期，该期对温度、光照最敏感，对产量特别是早期产量影响很大。

1. 温度管理　温度白天保持25℃～30℃，夜间控制在13℃～17℃，地温15℃～18℃。如果夜间温度超过18℃，则雄花增多，雌花减少，将影响产量。

2. 光照管理　在光照充足的条件下，幼苗生长健壮，茎粗节短，叶片厚，叶色深，有光泽。雌花节位低、雌花多；而在弱光下生长的幼苗常常是瘦弱徒长苗。为增加光照，要经常保持透明覆盖物的清洁，草苫尽量早揭晚盖。在温度满足的条件下，最好是在早晨8时左右揭开草苫，下午4时左右盖上草苫，日照时数控制在8小时左右。阴天也要正常揭盖草苫，雨雪天气尽量在温度不影响幼苗生长的前提下，抓住时机揭开草苫，尽量增加光线的入射量。同时，还可在育苗床北侧垂直张挂反光幕，既能增加苗床的光照强度，又能提高温度，提高育苗质量。

3. 水分管理　苗期保持土壤的湿度，有利于雌花的形成。早春育苗时，地温低，蒸发量小，一般播种前或分苗时浇足底水，整个育苗期可不浇水，以保墒为主。没有覆盖细沙的苗床需要进行2～3次覆土，当大部分幼芽拱土时，选择晴天中午覆盖干暖土，厚度0.3厘米左右，用土封严裂缝，防止种子戴帽出土，苗出齐后再覆土1次，促进子叶肥大抑制胚轴伸长。覆土还可以调节土壤湿度，当土壤湿度过大，幼苗新叶发黄，叶缘早晨凝结水珠时，需要覆盖干土；反之，土壤发干，幼苗叶色深，生长缓慢，应该覆盖湿土。

4. 通风管理 在黄瓜育苗过程中，通风不仅可以调节苗床内的温度、湿度，同时还可以排出有毒废气、补充二氧化碳气体。通风量的大小及时间长短主要根据苗床内的温度及外界气温来决定。小苗出苗后，上午温度达到25℃时开始通风，下午温度降至18℃左右时停止通风。通风要逐渐进行，通风口应随着气温的上升逐渐加大，避免通风过快，过猛，通风应在背风面，避免冷风直接吹到幼苗。随着外界气温的升高，通风量逐渐加大，通风时间逐渐延长。

半拱形和拱形覆盖的苗床通风较方便，最初通风可将苗床两端的薄膜揭开卷起，进行小通风。可将背风面薄膜的压土去掉，将薄膜上提、上卷进行通风。然后再在拱棚薄膜外，在两个拱架之间插夹一个拱形细竹竿夹住薄膜，将薄膜上推和下拉即可调节通风口的大小。

日光温室、塑料大棚做育苗场地的，通风比较容易，如果是玻璃温室，先在顶窗通风，以后再通底窗的风；薄膜温室、塑料大棚一般是两道缝或三道缝，先打开上部的缝通风，逐步再打开中部的缝通风，最后通底风。开始通风时，要隔一段扒一段通风，并用小棒支撑着薄膜。每天轮流通风。

5. 施肥 如果在床土配制时施入的肥料充足，整个苗期可不用施肥，如果发现幼苗叶片颜色变淡，出现缺肥症状时，可用0.2%尿素+0.2%磷酸二氢钾溶液喷施幼苗。

在黄瓜育苗过程中，采用二氧化碳施肥可以显著提高幼苗质量。

6. 倒苗　随着幼苗的生长，幼苗之间发生拥挤，影响其生长，在育苗的后期，应适当加大幼苗之间的距离。把育苗钵重新摆放，大小苗要互换位置，营养土块育苗的，在加大距离后，在土块的缝隙之间用细土填上。

7. 秧苗锻炼　为使幼苗定植后适应环境，并提高幼苗对低温的抵抗力，要在定植前7～10天，进行低温锻炼，温室要停止加温，电热温床的也要停止加热。加大通风量，夜间的覆盖也要逐渐减少，白天温度保持在20℃～25℃，夜间在不遭受霜冻的前提下，气温保持在5℃～10℃，这时期基本不浇水，只是局部干旱时，在叶片萎蔫处稍喷些水。

二、嫁接育苗

日光温室常年连作，枯萎病、疫病等土传病害严重，采用嫁接育苗是防止土传病害的有效方法，防病率达90%以上。同时，嫁接苗根系发达，可提高黄瓜的抗寒、耐低温、耐盐碱及抗病能力。采用嫁接可增产30%以上。通常用云南黑籽南瓜、日本黑籽南瓜、南砧1号、牡丹江南瓜、新土佐南瓜等作砧木，优良黄瓜品种作接穗。常用的嫁接方法有插接法和靠接法两种。嫁接前要准备竹签、刀片及手套，并用70%酒精消毒。嫁接育苗可采用以下步骤和方法。

（一）培育南瓜砧木苗

将选用的南瓜种子放入55℃～60℃温水中浸泡15分钟，不停地搅拌，当水温降至35℃时，在温水中浸种8～10小时，揉搓洗去黏稠物，用温水冲洗干净，稍稍晾干种皮的水分后，用干净湿毛巾包好，放置在28℃～30℃条件下催芽。为提高发芽率可采取以下措施:采用前 1 年的陈种子,用 0.3%过氧化氢溶液浸泡 8 小时,晾晒 18 小时,再用清水浸泡 3～6 小时,浸种后放在 12℃～14℃条件下晾种 18 小时之后再进行催芽。

播种方法因嫁接方法不同而异,如果采用靠接法,应把南瓜种子播种在育苗盘内;如果采用插接法,则把南瓜种子播在营养钵或营养土方内。播种前营养土浇透水,每一个营养钵播种 1 粒种子,育苗盘播种的,采用点播法把种子播入播种盘内,播后覆土厚 1.5～2 厘米。播种后尽量提高温度,促进出苗,温度白天保持在 28℃～30℃、夜间 18℃～20℃,幼苗出土后降低温度,白天保持在 20℃～25℃、夜间 15℃～18℃。砧木的下胚轴应培育得稍长一些,以方便嫁接,防止定植后因嫁接处距离地面太近或埋入土中而感染病害。插接法砧木下胚轴长 5 厘米左右,靠接法要达到 6～7 厘米。

(二)培育黄瓜接穗苗

如果采用靠接法,黄瓜要比南瓜提前 3～5 天播种;如果采用插接法,要求接穗小一些,黄瓜要比南瓜晚播种 2～3 天,黄瓜播种于育苗盘内,可按常规育苗法管理。最好采用珍珠岩基质无土育苗,这样幼苗干净没有泥土,嫁接时成活率高。

(三)嫁接方法

1. 插接法 当黄瓜幼苗子叶展平,砧木南瓜幼苗第一片真叶长至 5 分硬币大小时,为嫁接适期。插接的具体方法是:先用竹签剔掉南瓜的真叶和生长点,用同接穗茎粗细相近的竹签先端紧贴砧木一子叶基部内侧,向另一子叶的下方斜插深 0.5～0.7 厘米,不可插破砧木茎表皮,也不要插入髓部。再用刀片从接穗子叶下 0.8～1 厘米处斜切成两段,将接穗削成 0.5～0.7 厘米的切口,切口要平滑,切削好接穗后,立即将竹签从砧木中拔出,并插入接穗,插入深度以削口与砧木插孔平齐为宜(图 5-1)。

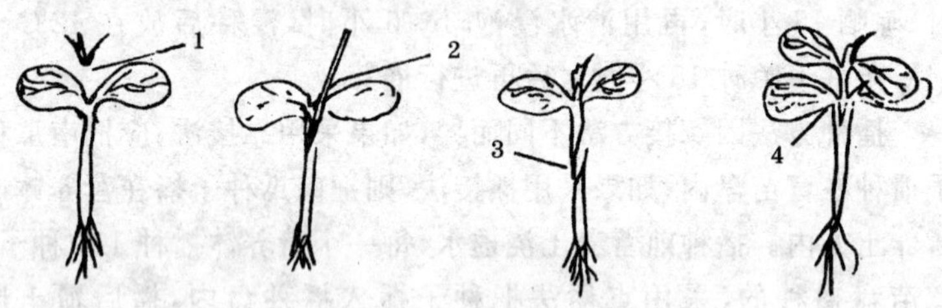

图 5-1　黄瓜插接示意

1. 去掉南瓜(砧木)顶芽　2. 斜向插入竹签
3. 削黄瓜接穗　4. 插上接穗

2. 靠接法　黄瓜第一片真叶开始展开,砧木南瓜子叶完全展开为嫁接适宜时期。靠接的具体方法:将砧木苗和接穗苗从育苗盘中仔细挖出。先用刀片切掉南瓜苗生长点,在子叶下方 0.5～1 厘米处与子叶着生方向垂直的一面上,呈 35°～40°角向下斜切一刀,深达胚轴直径 2/3 处,切口长约 1 厘米。黄瓜苗在子叶下 1 厘米处,呈 25°～30°角向上斜切一刀,深达胚轴直径 1/2～2/3 处,切口长约 1 厘米,将黄瓜与南瓜的切口,准确、迅速地插在一起,并用塑料夹夹牢固。使黄瓜子叶压在南瓜子叶上呈“十”字形。嫁接后,将嫁接苗移入营养钵中(图 5-2)。靠接法比较费工,但容易成活。

(四)嫁接后的苗床管理

边嫁接边将苗钵的嫁接苗整齐地排入苗床中,边用细土填好钵间缝隙,边盖膜,边灌水,最后扣好小拱棚。白天盖草苫遮荫。嫁接后 3 天内不通风,苗床气温白天保持在 25℃～28℃、夜间 18℃～20℃;空气相对湿度保持 85%～95%。3 天后,如嫁接苗不萎蔫,可进行短时间少量通风,以后逐渐加大通风量。1 周后接口愈合,即可逐渐揭去草苫,并开始大通风,温度白天保持在 20℃～

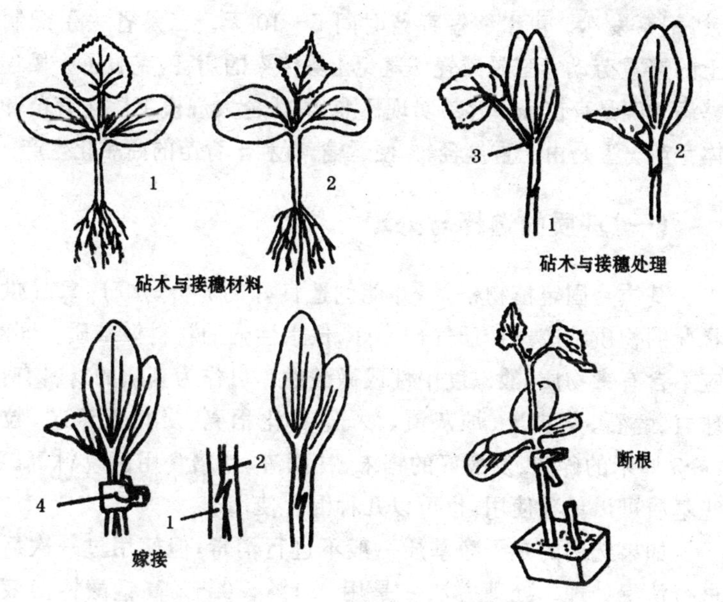

图 5-2 黄瓜靠接示意

1. 砧木(南瓜苗) 2. 接穗(黄瓜苗) 3. 摘去生长点 4. 嫁接夹

25℃、夜间 12℃～15℃。若床温低于 12℃,应加盖草苫。育苗期视苗情浇 1～2 次水。用靠接法嫁接的秧苗,嫁接 10 天后应给接穗断根,5 天后嫁接苗长至 4～5 片叶时,即可移苗定植。

另外,在幼苗 2 叶 1 心时,可喷 1 次浓度为 100～150 毫升/升的增瓜灵或乙烯利溶液促进雌花分化。

三、无土育苗

无土育苗又称营养液育苗,是用基质和营养液代替床土的育苗方法。无土育苗有以下优点:一是秧苗生长迅速、旺盛、整齐一致，根系发达。可以缩短育苗时间5～10天。二是省去了配制床土的繁重劳动。三是减轻和避免土壤传染的病害，克服了土壤连作弊病。四是育苗程序容易实现标准化，适合大规模工厂化育苗和立体育苗。五是由于重量轻、方便运输，有利于育苗的商品化生产。

（一）基质的选择与处理

基质是固定植物根系，并能创造良好的养分、水分、氧气供应状况的物质。应选择通气性良好，保水性强的材料做基质。同时，应不含有毒物质，酸碱度中性或微酸性。可作为基质的材料有：珍珠岩、蛭石、草炭土、炉灰渣、沙子、炭化稻壳、炭化玉米芯、粒径2～3厘米的碎砖、发酵好的锯末、甘蔗渣、栽培食用菌废料等。这些基质可以单独使用，也可以几种混合使用。

如果选用的是干净基质一般不进行消毒，但使用过一次后应进行消毒处理。处理方法一是用0.1%～0.5%高锰酸钾溶液浸泡30分钟后，用清水洗净。二是每立方米基质用40%甲醛1千克，加水40～100升稀释后，均匀喷洒在基质上，将基质堆起密闭2天后摊开，晾晒15天左右，等药味散去再使用。

（二）营养液的配制

1. 配方 在1000升水中加入下列肥料：复合肥（N∶P∶K＝15∶12∶15）2千克，硫酸钾0.5千克，硫酸镁0.5千克，过磷酸钙0.8千克，硫酸锰3克，硫酸锌1克，硫酸铜1克，硼酸3克，钼酸铵1克，硫酸亚铁20克。如果采用的是炉灰渣、草炭土等基质，可以不用加入微量元素。

2. 基质加有机肥法 基质＋1/200的膨化鸡粪，或基质＋2/3的腐熟有机肥。基质同肥料混合均匀，铺平后即可使用。苗期只浇清水即可，一般不再浇其他肥料，在育大苗时，可在育苗后期喷洒 0.2%尿素+0.3%磷酸二氢钾溶液 1～2 次。

(三)无土育苗及管理

1. 种子处理及催芽 种子处理及催芽方法与普通育苗相同，种子消毒要求更严格，以保证种子不带病菌。

2. 育苗盘育苗 为防止营养液漏出，在育苗盘的底部铺上整块塑料薄膜，将基质放入育苗盘 3～4 厘米厚，整平后准备播种。

播种前先将基质用清水浇透，但要防止基质积水，然后将种子均匀地撒播在基质表面，一般每平方米播种量为 50～85 克。播种后在种子上覆盖基质厚 1～1.5 厘米，上面再覆盖塑料薄膜保湿。出苗后及时把薄膜掀去，让幼苗充分见光，这时不要浇营养液，只需要浇清水，保持基质湿润，但不能使基质内积水，其他管理同常规育苗。

3. 移苗 当黄瓜两片子叶展开时移入营养钵。移栽前营养钵内装入基质，并用清水浇透，移栽后再浇 1 次清水，把营养钵摆放在苗床内。苗床是利用木板或砖等材料围成宽 1.2～1.5 米、长 10～20 米的槽，深度 10 厘米，槽底铺上薄膜以防漏水，为节省投资，也可以在地面挖成同等规格的地槽做育苗床，地槽内铺一层薄膜防止漏水。

4. 肥水管理 幼苗缓苗后，开始浇灌营养液，前期每周供应 1 次营养液。当两片真叶展开后 3～4 天浇 1 次营养液。2 次浇营养液中间如果基质干燥，可浇清水，保持基质湿润，但一定要防止基质内积水。其他管理同常规育苗。

四、工厂化育苗

工厂化育苗是现代化蔬菜育苗技术的方式之一。育苗的程序如下。

(一)播种前的准备

主要包括种子消毒、浸种催芽、工具及设备消毒、基质和床土的配制。

(二)精量播种

利用精量播种机,基质的装盘、浇水、播种、覆土流水作业。

(三)催 芽

在催芽室内进行。把播种后的育苗盘摆放在育苗架上,密闭催芽室,温度控制在25℃~30℃,空气相对湿度控制在90%以上。在出苗阶段应及时检查,如果基质干燥,可喷水1~2次。当50%左右的苗顶土时,应喷水1次,有助于种皮的脱壳,防止种子戴帽出土。喷水时不要用冷水,应用25℃左右的温水喷洒。

(四)绿 化

当幼苗60%出土后,及时把育苗盘移到绿化室内进行秧苗绿化。绿化室内应有加温设备,一般采用保温、采光性能良好的温室,温室的小气候条件最好也是自动控制。在室内设置绿化池,绿化池用砖砌成,高50厘米、宽1米,长度因温室的宽度而定,绿化池上面排放铁架放置育苗盘,在绿化池中育苗盘下10厘米的地方,放置电热线,电热线的功率密度是100瓦/米^2,在绿化池的上面安置小拱棚。条件好的在绿化池安装育苗盘的立体旋转装置或阶梯式育苗架,这些装置均能在不影响幼苗绿化的前提下,增加育苗的数量,提高利用率。为了减少投资,也可以直接在大棚和温室内的地面上铺设电热线。

黄瓜嫁接操作,可在绿化室内进行。

(五)分　苗

黄瓜播种后5～8天子叶展开,心叶(第一片真叶)初露时,进行移苗,将幼苗从育苗盘中起出,栽到营养钵内。然后将营养钵摆放在分苗棚内。分苗棚是供分苗后培育大苗的场所。我国中南部地区,分苗大棚通常采用钢管塑料棚,棚宽6～8米,棚长20～30米,面积为120～180米^2。在棚内纵向设置苗床4～5个,在苗床上设置小拱棚,夜间加盖草苫、纸被等保温物,在苗床的底部设置电热线;在我国北方寒冷地区,分苗棚采用温室;在华北地区也可用阳畦或改良式阳畦作为苗棚。

(六)苗期管理

黄瓜幼苗的管理同常规育苗。如果采用基质育苗的可参考无土育苗进行管理。

第六章　黄瓜无公害高效栽培技术

一、露地黄瓜无公害高效栽培技术

(一)春季露地黄瓜无公害高效栽培技术

春黄瓜生产成本低、产量高,栽培面积大,是黄瓜生产的主要形式之一。

1. 品种选择　应选择优质、抗多种病害、高产、适合市场需求的新品种,如津优40号、中农8号等品种。

2. 栽培期　北方地区必须在终霜后,地温在12℃以上时定植或直播。各地栽培期见表6-1。

表6-1　各地春露地黄瓜栽培期

代表地区	播种期	定植期	收获期
拉　萨	5月上旬	6月中旬	7月上中旬
西　宁	5月初	6月上旬	7月上旬
呼和浩特、哈尔滨	4月中下旬	5月底	6月中下旬
乌鲁木齐、长春	4月中下旬	5月中旬	6月中下旬
沈阳、兰州、银川、太原	3月底至4月初	5月中旬	6月上中旬

续表 6-1

代表地区	播种期	定植期	收获期
北京、天津、石家庄、西安	3月中旬	4月下旬	5月中下旬
昆明、郑州、济南	3月上中旬	4月中旬	5月上旬
上海、南京、合肥	2月下旬至3月上旬	4月上中旬	4月中下旬
武汉、杭州	2月中下旬	3月下旬	4月中旬
长沙、成都、贵阳	2月上中旬	3月中旬	4月上中旬
南　昌	1月下旬至2月上旬	3月上旬	3月下旬至4月上旬
福　州	1月上中旬	2月中旬	3月上中旬
广州、南宁	12月下旬至翌年1月上旬	2月上旬	3月上旬

(资料来源:《黄瓜栽培实用技术大全》陶正平,1995)

3. 育苗　露地黄瓜一般在保护地育苗,终霜后定植。

(1)育苗设施　目前,广泛采用保温、透光性好的薄膜改良阳畦育苗。播种前先做好育苗床,一般东西向,做平畦,畦宽 1.5 米左右,长度不限,埂高 15 厘米。

(2)营养土配制　育苗营养土必须具备一定肥力,质地疏松,无病虫害。用没有种过瓜类的大田表土与腐熟的有机肥料,按 7∶3～5∶5 的比例混合。若土质黏重,则可加入一定量的炉灰、沙子、石灰石等;若肥力不够,则加入一定量复合肥。每立方米加复合肥(碾碎)3 千克并与土拌均匀。

(3)育苗床土消毒　按照种植计划准备足够的育苗床土并进行消毒。每平方米用 40%甲醛溶液 30～50 毫升,加水 3 升喷洒床土,用塑料薄膜闷盖 3 天,待气味散尽后播种。或每平方米用

15～30 千克药土进行床面消毒，即用 50％多菌灵可湿性粉剂与 50％福美双可湿性粉剂按 1∶1 比例混合 8～10 克，再与 15～30 千克细土均匀混合，撒在床面。

(4)用塑料营养钵、纸筒或和大泥切方育苗　营养钵育苗能安全保护幼苗根系，便于大小苗倒苗，运苗方便，一般可使用 3～5 年。也可用纸筒育苗。一个个整齐地排放，不留空隙。没有条件的地方可采取和大泥切方育苗。即播种前 1 天将营养土掺水，和成湿泥，在整好的苗床内先铺一层 1～2 厘米厚的灰渣，再将和好的湿泥平铺在苗床内，约 10 厘米厚。用刀切成 10 厘米见方的方块，每一方块中央点一小穴，即可播种。

(5)种子消毒　可用温汤浸种消毒，将干种子放入 55℃～60℃温水中处理约 10 分钟，不断搅拌，使温度降至 28℃～30℃时浸种 4～6 小时，淘洗干净后催芽。也可用药剂消毒，用 0.1％多菌灵或盐酸液浸种 1 小时。用温水冲洗后再用清水浸种 4 小时，而后催芽。有种膜剂的种子，因含杀菌剂和多种微量元素，可直接浸种催芽，也可直播。

(6)催芽　种子经消毒处理后，捞出清洗 1 遍，将水沥干，用布包好，置于 27℃～30℃条件下催芽，催芽过程中要经常翻动种子，使种子承受温度均匀，经 24 小时后开始出芽。大部分种子露出根尖时，温度可适当降低，保持在 22℃～26℃，经 2 天左右芽可出齐。如果遇到阴天，不能播种时，可用湿毛巾将种子包好，放在冷凉处(10℃左右)，抑制芽继续生长。待晴天播种。

(7)播种　播种前先向营养钵中的营养土喷水，水要浇透，水渗下去后，在其上撒一层细土，即可播种。播种时，最好用镊子拣籽，既方便又快，芽子朝下贴土，最好方向一致。每个营养钵或土块放 1 粒种子，边播种边盖土，以防止种子风干，最后在育苗床上撒一层细土。播完种，在育苗床扣拱棚，增温保湿，有利于出苗。育苗期白天温度保持 25℃～30℃、夜间 13℃～17℃。

(8)苗期管理　从播种到出苗前,为促使快出苗、出全苗,应提高苗床温度,覆盖物应晚揭早盖。当80%幼苗出来后,要及时拆除小拱棚,并进行覆土,当幼苗长出第二片真叶时,要尽可能让小苗多接受阳光照晒。为防止幼苗徒长,要适当降低气温,白天保持在20℃～25℃,夜间13℃～15℃。若幼苗大小不齐,用塑料营养钵育苗可进行倒苗,将小苗移至温度、光照条件好的地方,大苗移在条件较差的地方,使幼苗长势均匀。若营养土缺水,中午幼苗萎蔫时,可用喷壶适当浇水,浇水后要覆土。定植前3～4天,用营养土育苗的,要挖苗和囤苗。挖苗前1天下午将苗床浇透水,翌日趁湿挖苗,将苗坨整齐地放在苗床内。苗坨间不留缝隙,用土封边。待四周长出新根后定植,成活率高。用营养钵育苗的,定植前3～5天加大通风量进行炼苗。定植前1天浇水,准备定植。

4. 定　植

(1)选地、整地、施基肥　黄瓜忌连作。应选疏松、肥沃、3～5年未种过瓜类作物的地块种植。于头年冬前深翻25～30厘米,结合翻耕每667米^{2}施入腐熟农家肥5 000～7 500千克作基肥,也可以在春耙整地时施入。开春解冻后,挖好排水沟,耙平地面,做畦。北方地区做平畦,畦宽1.2～1.5米,埂宽40～50厘米,高20厘米,畦长12～15米。东北地区以垄作为主。南方地区做高畦,宽1.5米,沟深25厘米,以利于排水。在畦或垄上开沟,深30厘米、宽30厘米。

(2)定植期　在当地终霜期后,10厘米地温稳定在12℃以上时进行定植,具体时期见表6-1。

(3)定植密度　根据品种特征、土壤肥力及生长期长短决定。一般每667米^{2}栽3 000～4 000株。主蔓结瓜的品种,土壤肥力高,株距可小些;侧枝多的品种,土壤肥力低,株距可大些。一般定植行距大行70～80厘米,小行50厘米,株距25～30厘米。

(4)定植方法　有明水栽和暗水栽两种:明水栽,即在畦面开沟，按株距将苗放在定植沟内，栽苗后浇水，而后用土封沟；暗水栽，也叫坐水栽、水稳苗，一般在定植前先开沟，栽时顺沟施入部分基肥，与土混合后放水，待水渗到一定程度，将苗坨坐入泥水中，而后用两侧土封沟。

(5)田间管理

①支架整枝绑蔓　春季一般风大，为了防止幼苗被风刮断，在定植后，应立即支架。距苗7～8厘米处每株插1根竹竿，架式分人字架和篱笆架两种：人字架比较结实，在行头行尾用6根竹竿扎一束，中间4根扎一束；篱笆架，即将每行竹竿花格交错成一排。支架后进行绑蔓，把幼苗引绑在竹竿上，防止风吹摆动，以后每隔3～5节绑蔓1次，顺手摘除卷须，摘除下部侧枝，中上部侧枝见瓜留2叶1心摘心，主蔓满架时打顶，促进结回头瓜。及时摘除黄叶、病老叶，以利于通风透光和减轻病害。

②根瓜采收前的肥水管理　定植后4～5天，幼苗长出新根，生长点有嫩叶发生时表明已缓苗。这时可浇1次缓苗水。若天气干旱，可提前浇水，浇水量要少，水量过大，将明显降低地温，不利于缓苗。土壤湿度大容易引起沤根。若土壤很湿，可不浇或晚浇缓苗水。浇水后，地表稍干时，要及时浅中耕，以提高地温。中耕深度，近根处浅，远根处深，不要松动幼苗的土坨。在第一根瓜坐稳前，管理上以控为主，蹲苗约2周，控制浇水，多中耕松土。中耕2～3次后培土，深4～5厘米，促进根系发育，达到根深秧壮，花芽大量分化，根瓜坐稳的目的。但蹲苗也要适当，要根据土壤干湿状况结合秧苗长相加以判断。控苗太狠，导致幼苗生长受阻，反而容易引起以后化瓜或引起根瓜变苦。当根瓜坐稳后，大多数瓜把颜色变深时，应及时浇1次稀粪水，促进根瓜和秧苗生长。

③结瓜期的管理　结瓜期外界气温逐渐升高，瓜条和茎叶生长速度加快。随着瓜条的不断采收，肥水的吸收量逐渐增多，这时管理上应以促为主，根据植株状况及气候变化，结瓜初期，植株只

到半架，坐瓜尚少，天气不很热，浇水量不宜过大，一般7天浇水1次。采收盛期气温升高，坐瓜多、茎叶生长旺盛，此时应大量施肥浇水，应1～2天浇1次水，甚至1天浇1次。浇水应在清晨进行，掌握少浇勤浇的原则，不要大水漫灌。追肥结合浇水进行，前期天气不热，以施腐熟的稀大粪或鸡粪为好；天气较热以后，以施速效化肥为宜。化肥不宜多，每次每667米^{2}施尿素8～10千克或碳酸氢铵20千克。一般浇1次清水施1次肥水。最好有机肥和化肥交替施用，这样肥效好，营养全。

5. 采收 始收期的早晚与品种、苗龄、气候条件和栽培管理状况有关。一般定植后25～30天采收，根瓜应尽量早收，以免坠秧。腰瓜与回头瓜生长较快，开花4～12天即可采收，初收期每隔2～3天采收1次，盛瓜期隔天或每日采收。

6. 病虫害防治 病害主要有霜霉病、白粉病、细菌性角斑病、炭疽病和病毒病等。虫害有蚜虫、黄守瓜、红叶螨或茶黄螨。具体防治方法详见第八章有关内容。

(二)夏、秋季露地黄瓜无公害高效栽培技术

夏、秋黄瓜是在盛夏时播种，初秋开始收获，直至出现霜冻时结束。生育前半期，正处于高温炎热多雨季节，经常受到雨涝、雹灾和各种病虫害的威胁，产量不高。但此茬黄瓜对解决8～9月份蔬菜淡季供应可起到一定缓解作用。

1. 品种选择 应选择抗病性、耐热性强的品种，如园丰元6号、津绿4号等品种。

2. 栽培季节 露地夏、秋黄瓜一般进行露地直播。栽培季节因地区而异。在有霜期地区，多在初霜前80～100天播种，45天后开始收获，至霜前拉秧。北京地区在6月中旬至7月上旬播种，8月上旬至9月下旬开始收获。初霜晚的地区，收获期还可延长；在无霜或少霜地区，多秋季播种，冬季收获。

3. 整地做畦　最好选 3～5 年没种过瓜类作物的疏松、肥沃的地块种植，前茬以葱、蒜、豆类为好。耕地不宜太深，太深易积水受涝，深度以 15～16 厘米为宜。每 667 米^2 施入充分腐熟的有机肥 5 000 千克，使土肥均匀混合，地面耙平后，先挖好排水沟，按南北向做畦。做畦方式有以下 3 种(图 6-1)。

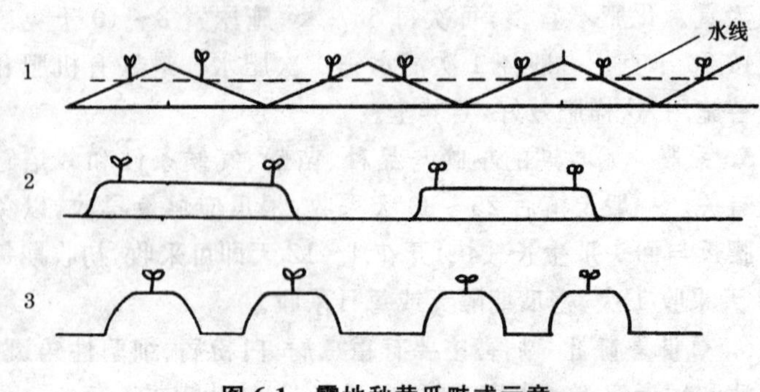

图 6-1　露地秋黄瓜畦式示意

1. 瓦垄畦　2. 小高畦　3. 高垄

(1)瓦垄畦　按 130～145 厘米间距开沟，将土翻到两侧，再用平耙将沟的两侧耙成覆瓦状。将畦背的两侧划沟播种，播种沟的位置在水线上方，位置高了水浇不上，位置低了易受水淹。播种后用锄平堆覆土、镇压，而后浇水。

(2)小高畦　畦宽 60 厘米，沟宽 70 厘米，畦高 30 厘米。高畦种 2 行，行距 40～45 厘米。

(3)高垄　畦宽 60 厘米，沟宽 50 厘米，畦高 60 厘米。在高畦中部开沟，沟深 20 厘米，使高畦分成 2 条垄，用耙对垄稍加镇压，在垄背上开沟点种。

4. 播种　多用干种子直播，也可温水浸种 3～4 小时后播种。在预先准备好的播种沟内点播种子，株距 7～8 厘米。播后覆土镇压，而后浇水。每 667 米^2 定苗 4 500 株左右，需种子量 0.2～0.25 千克。

5. 田间管理 秋黄瓜前期高温多雨、后期干旱低温。要注意苗期管理，特别是肥水的管理。

(1)苗期管理 播种后，如土壤干旱，需再浇水，浇水量以湿润播种沟为宜。水量太大，易造成土壤板结而影响出苗。一般浇2次水后苗即出齐。幼苗出土后，要及时间苗。一般在子叶展开时第一次间苗，间除过密苗、弱苗和畸形苗。幼苗出现第四片真叶时定苗，株距保持20～22厘米，每667米^{2}保苗4 500株左右。定苗后，浅中耕1次，并施肥水、浇水促苗生长。每667米^{2}施硫酸铵10千克左右。

(2)支架、绑蔓、中耕除草 定苗后浇水，随即插架绑蔓。同时，需进行多次中耕除草。中耕不宜过深，深度一般为2～3厘米。

(3)肥水管理 要特别注意水的管理，既要浇水防旱，又要防雨防涝。要看天、看地、看苗决定浇水时间及浇水量。幼苗出齐后至根瓜采收前，尽量少浇水，以利于养根壮苗，减少病害。浇齐苗水后要及时浅中耕，保墒松土。收根瓜后，开始增加浇水次数，但不能大水漫灌，一般3～5天浇1次水。浇水视当时天气情况，以保持土壤湿润为宜，前期早、晚浇水，结瓜后气温降低，要适当少浇水，要在晴天上午浇水保持地温稳定。要特别注意排水。播种结束后，修排水沟以便及时排水。定苗后，结合浇水进行第一次追肥，以后凡遇大雨或连雨后都应追肥，盛瓜期要"隔水一肥"。每次每667米^{2}追磷酸二氢钾10～15千克，或尿素5～10千克，或大粪稀1 000～1 500千克。

6. 采收 播种至采收需40～45天，随着气温的下降，瓜的发育速度变慢，但瓜条不易衰老，采收时间要求不严格。

7. 病虫害防治 秋黄瓜病虫害多，重点是防病。病害主要有霜霉病、炭疽病、白粉病、疫病和细菌性角斑病等，虫害有茶黄螨、红叶螨、瓜蚜、黄守瓜等。具体防治方法详见第八章有关内容。

二、保护地黄瓜无公害高效栽培技术

黄瓜保护地设施有风障、塑料小拱棚、塑料大棚、日光温室等多种形式。黄瓜利用各种保护地设施，可以进行提早、延后栽培，特别是利用日光温室，在不加温的情况下，在冬季进行黄瓜生产，实现了黄瓜周年生产、周年均衡供应。

(一)保护地设施的类型与结构

1. 塑料小拱棚结构与性能 塑料小拱棚一般高 1 米左右，宽约 3 米，长度不限(一般 10 米左右)。骨架多用毛竹片、荆条、硬质塑料圆棍等，上面覆盖薄膜。塑料小拱棚又可分拱圆形棚和半拱圆形棚两种(图 6-2，图 6-3)。

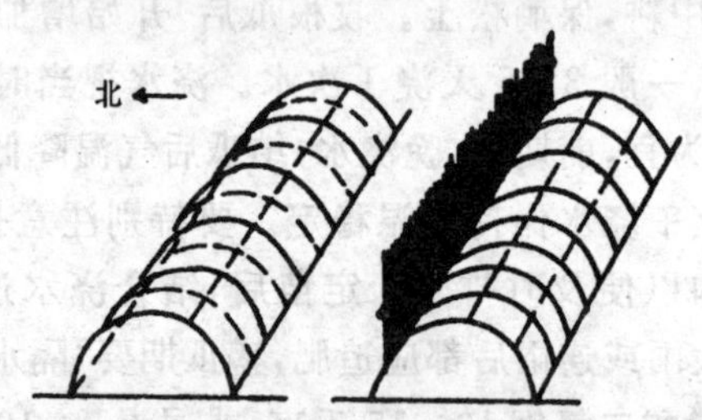

图 6-2 拱圆形塑料小拱棚示意

拱圆形是小拱棚的原始类型，目前仍广泛采用。半拱圆形棚是在覆盖畦的北侧加筑一道 1 米左右高的土墙。墙上宽 30 厘米、下宽 45～50 厘米。拱形架杆的一端固定在土墙上部，另一端插入覆盖畦南侧埂外的土中，上面覆盖塑料薄膜，夜间在上面加盖草苫，半拱圆形棚也常用于春露地栽培育苗。

图 6-3　半拱圆形塑料小拱棚示意

小拱棚空间小、棚内气温受外界温度影响较大。一般昼夜温差可达 20℃以上。晴天增温效果显著，阴天、雪天效果差。一天内，早上日出后开始升温，10 时棚温急剧上升，下午 1 时前后达最高值，以后随着太阳西斜，棚温迅速下降，夜间降温比露地慢。凌晨棚温最低。小拱棚的土壤温度随气温变化而变化，春季棚内土壤温度可比露地高 5℃～6℃，秋季比露地高 1℃～3℃。不同部位温度也有差异，一般两侧温度低，中部温度高。小拱棚空气湿度变化较为剧烈，密闭时达饱和状态，通风后迅速下降。

2. 塑料大棚结构与性能　塑料大棚是用竹木、钢材、水泥等材料做成支架或拱架，上面覆盖塑料薄膜而形成的一种棚式结构。利用塑料薄膜的透光保温性，在不加温的条件下进行提早或延后栽培。

(1)竹木结构大棚　骨架主要用竹竿和木杆组成。跨度 12～14 米，高 2.2～2.4 米，长 50～60 米，以直径 3～6 厘米的竹竿为拱杆，每排拱杆由 6 根支架支撑。拱杆间距 1 米。拱杆上覆盖塑料薄膜。这种大棚比较牢固，取材方便，容易建造，造价低，易推广。其缺点是立柱多，遮荫部位多，操作不方便，使用年限短(图 6-4)。

(2)悬梁吊柱竹木拱架大棚　跨度 10～13 米，矢高 2.2～2.4 米，长度不超过 60 米。支柱为木杆或水泥预制柱，纵向每 3 米 1 根，横向每排 6 根，用竹竿或木杆做纵向拉梁，把立柱连成一个整

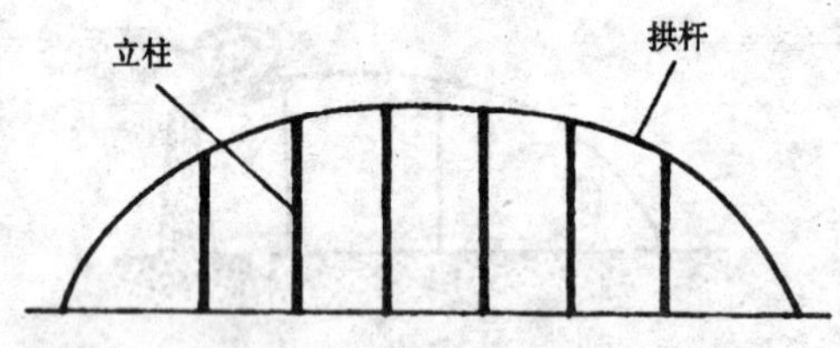

图 6-4　竹木结构大棚示意

体,拱杆下设吊柱,吊柱下端固定在拉梁上,上端支撑骨架。拱杆用竹片或竹竿做成,间距 1 米,拱杆固定在支柱与吊柱上。两端插入土中。这种大棚便于作业,造价较低,牢固性较强,是目前生产上应用比较多的一种棚型(图 6-5)。

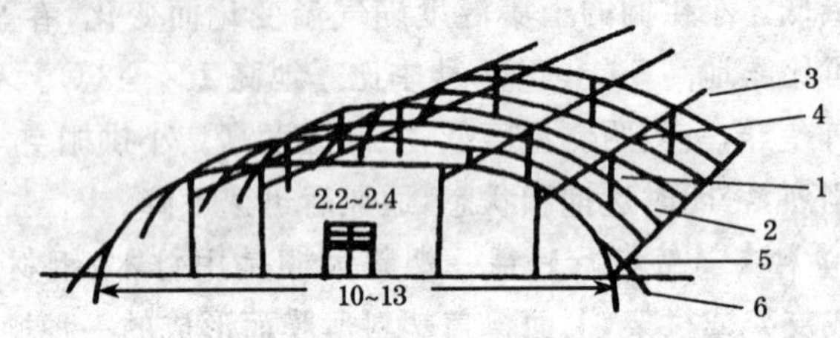

图 6-5　悬梁吊柱竹木拱架大棚示意　(单位:米)

1. 立柱　2. 拱杆　3. 纵向拉杆

4. 吊柱　5. 压膜线　6. 地锚

(3)水泥柱钢筋梁竹木大棚　立柱用内含钢筋的水泥预制柱。拱杆为竹竿,骨架比纯竹木大棚牢固、耐用,抗风能力强,一般可用 5 年以上。一般棚长 40 米以上,宽 12～16 米,高 2.2 米左右。这种大棚建造简单,立柱较少,遮荫少,便于作业(图 6-6)。

(4)无柱钢架大棚　跨度 10～12 米,矢高 2.5～2.7 米,每隔 1 米设一道架,架的上弦用 16 根钢筋,下弦用 14 根钢筋,拉花用 14 根钢筋焊接而成,架下弦用 5 道 16 根纵向拉筋,拉筋上用 14

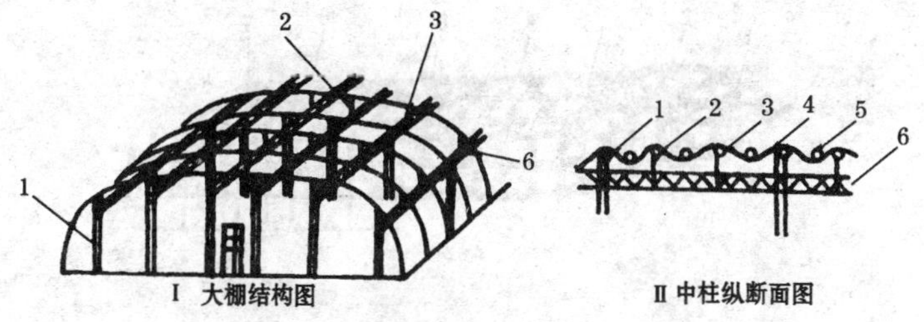

图 6-6 水泥柱钢筋梁竹木大棚示意

1. 水泥立柱 2. 小立柱 3. 拱杆

4. 塑料薄膜 5. 压杆 6. 单片花梁

根钢筋焊接成两个小立柱支撑拱架，以防止扭曲拱架，棚内无支柱。这种大棚光照条件好，便于作业，有利于保温，抗风能力强(图 6-7)。

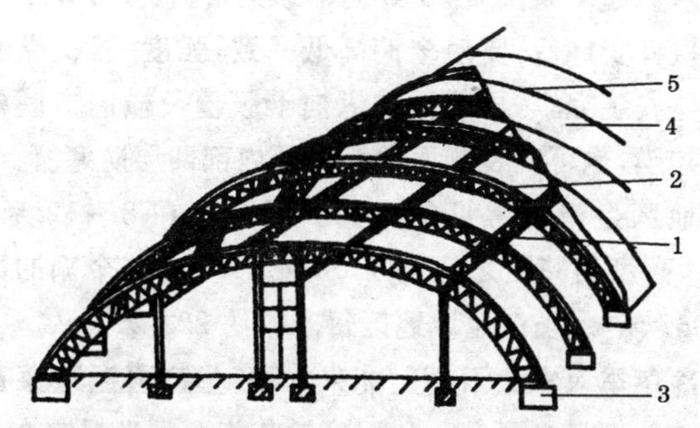

图 6-7 无柱钢架大棚示意

1. 纵梁 2. 钢筋架拱梁 3. 水泥基座 4. 塑料薄膜 5. 压膜线

(5)装配式镀锌钢管大棚 这类大棚可以根据需要自由拆卸，盖薄膜方便，棚内空间大，无立柱，光照充足，便于作业，但造价较高(图 6-8)。目前，安徽拖拉机厂、沧州农机修理厂批量生产这类大棚。

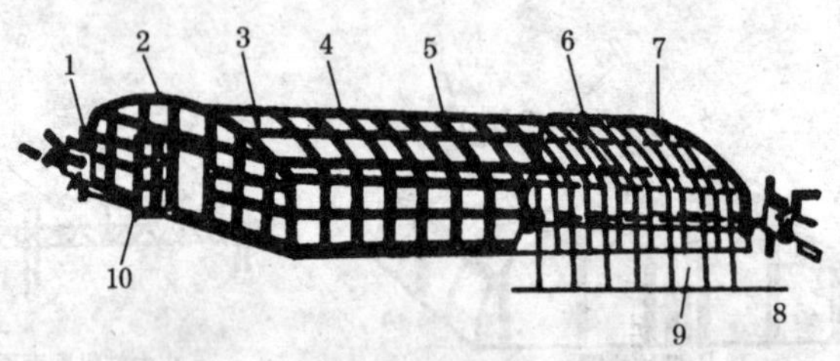

图 6-8 装配式镀锌钢管大棚示意

1. 卷膜机 2. 立柱 3. 纵向拉杆 4. 拱杆 5. 卡膜槽 6. 薄膜 7. 压膜线 8. 木桩 9. 8 号铁丝 10. 门

安装时要现场按图放线，沿棚边内侧挖 0.5 米深沟。先按南北棚头，立第一道拱杆埋立柱。拱杆与立柱顶部用圆形卡连接，使两者在一条直线上。接着上卡膜槽，安好门，在拱杆上标出纵梁位置。每 6 米立起 1 条拱架，安好全部纵梁，再按 0.5 米 1 根上好全部拱杆。拱杆安好后，要使全棚高低一致，弧度一致，纵肋要在直线上。棚体安装完毕，再装棚体纵向卡膜槽及横向卡膜槽。最后装天窗并扣膜，也可安装侧面卷膜机及内部两层防寒幕。

华北地区生产中常见的大棚一般跨度在 8～12 米，长度在 40～60 米，高度与跨度之比为 1∶4 或 1∶5。一个棚的面积一般在 333～667 米^2。长江流域地区每个棚约 222 米^2。

在寒冷冬季只靠太阳辐射能来加温，生产喜温蔬菜黄瓜的温室称高效节能型日光温室。利用高效节能型日光温室在一年中温度最低、光照最弱的深冬季节不需加温生产黄瓜，是近年来我国园艺设施领域的一项重大突破。

3. 日光温室的类型、结构与性能 在我国北纬 33°～43°地区，高效节能型日光温室的基本结构参数是：矢高 2.8～3.1 米，内侧跨度 6～7 米，长度 50～60 米，墙外培土隔热防寒，厚度大于或等于当地最大冻土层厚度；后屋面仰角大于或等于当地冬至太阳高度角，水平投影宽度 1～1.5 米，草泥复合保温层厚度 40～70 厘米，前屋面底角外可挖 30～40 厘米×50～60 厘米的防寒沟；双斜面式日光温室前立窗高 80 厘米并与地面呈 65°左右的夹角，屋面采光度为 23.5°±3.5°。拱圆式日光温室前屋面正切函数值≥0.56。高效节能型日光温室大多数是竹木结构，少数为钢架结构，现介绍最典型的两种高效日光温室及两种改良型日光温室。

(1)**短后坡半拱形日光温室** 室内跨度 6 米，长度 50～60 米；矢高(脊高)2.6～2.8 米，后墙高 1.8 米，厚 0.5～0.6 米，后墙外培土 1 米，后坡长 1.5 米，由柁和檩木构成，檩上铺高粱或玉米秸箔，抹泥，上面铺整捆玉米秸或稻草；前屋面为半拱形，由柱、檩、拱杆(竹片或细竹竿)构成；拱杆上覆盖塑料薄膜，在薄膜上面两拱杆间设一道压膜线，夜间盖纸被、草苫防寒保温；前屋面外底脚处挖 40 厘米宽、40 厘米深的防寒沟，沟内填乱稻草或树叶，上面盖旧棚膜和土(图 6-9)。该温室成本低，保温性较好，室内采光面积较大，多分布在辽宁中北部、北京、河北、内蒙古一带。

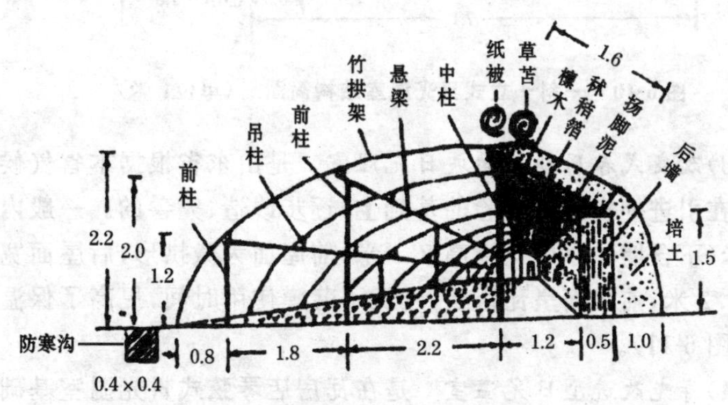

图 6-9 短后坡半拱形日光温室结构简图 (单位:米)

(2)**一斜一立式(琴弦式)日光温室** 长度 50～60 米，跨度 7 米，矢高 3 米，水泥预制中柱高出地面 2.6～2.7 米，地下埋 40 厘米深，前立窗高 0.8 米，后墙高 2 米，后坡长 1.2～1.5 米，每隔 3 米设一道 10 厘米粗钢管桁架，在桁架上按 40 厘米间距横拉 8 号铁丝固定在东西山墙，在铁丝上每隔 60 厘米设一道细竹竿做骨架，以便上面覆盖薄膜，在薄膜上面压细竹竿，并与骨架细竹竿用细铁丝固定(图 6-10)。该温室跨度大，后坡短，保温、采光性好，建材要求不高，成本低。这种温室源于辽宁瓦房店地区，后经不断改良，已推广到山东、河南等地。此外，山东寿光、苍山等地区，在此基础上还有许多改良型温室。

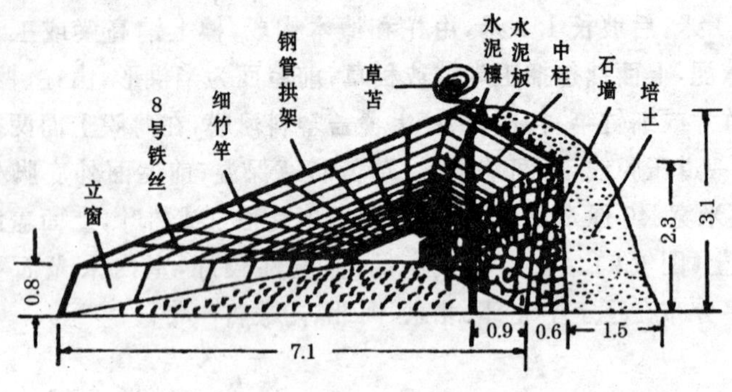

图 6-10 一斜一立式日光温室结构简图 （单位：米）

(3)改良式春用型单面坡日光温室 是山东省根据本省气候特点，在引进外省温室经验的基础上，逐步改造、完善的。一般内跨 7 米(不含墙体厚度)、脊高 2.3 米，前屋面为微拱形，后屋面宽度为 1.2 米，前屋面呈瓦楞状，延长了薄膜使用时间，提高了保温效果(图 6-11)。

(4)寿光改进型日光温室 是在瓦房店琴弦式日光温室基础上改进而成的。是目前山东省冬、春保护地栽培的主要形式之一。脊高 2.8 米，中前柱高 1.8 米，中后柱高 2.6 米。前屋面呈微抛物线形，提高了温室内主栽区采光量(图 6-12)。

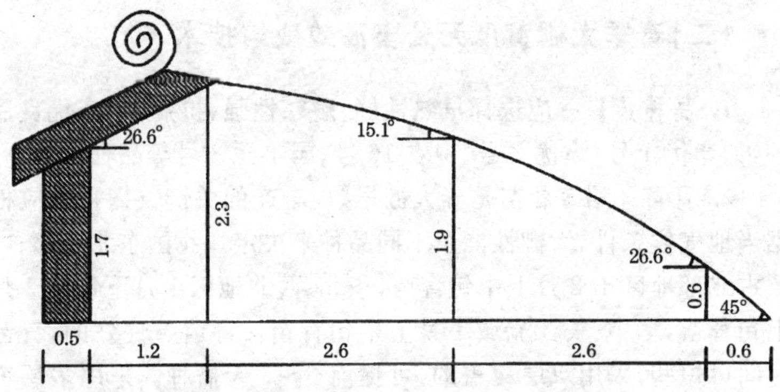

图 6-11　改良式春用型单面坡日光温室剖面示意　（单位：米）

（陈运起，1998）

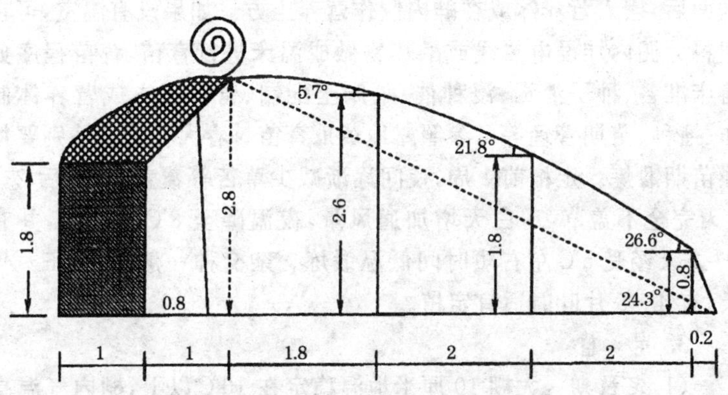

图 6-12　寿光改进型日光温室剖面示意　（单位：米）

（陈运起，1998）

(二)春季大棚黄瓜无公害高效栽培技术

1. 品种选择 应选择早熟性好、耐寒性强、抗病、丰产优良品种,如津优1号、津优2号、中农16号、园丰元3号等品种。

2. 育苗 培育壮苗是春大棚早熟、丰产的关键。播种期应根据当地气候条件,大棚性能及不同品种来决定。我国东北北部、内蒙古北部地区于2月上中旬育苗,华北、西北地区1月下旬至2月上旬育苗,华中、长江流域1月上中旬育苗。育苗条件好的,育苗时间可短些,采用双层覆盖的,可提前6～7天播种。采用多层覆盖的,播种期还可提前10～15天,春大棚最适宜大苗定植,为保证苗的质量,最好在加温温室育苗。室内有加温设备,温度容易掌握,可在温室内东西向做畦,畦宽1.2米左右,畦深15厘米,平整畦面后,摆入营养钵或在畦内制作营养土方。如果没有温室,可在塑料大棚内加设电热线或酿热物做成温床进行育苗,育苗程序如苗床准备、种子消毒、浸种催芽、床土配制、营养土方或营养钵制作、播种、苗期管理等可参照露地黄瓜育苗。春大棚栽培特别要加强苗期锻炼。定植前1周,夜间逐渐减少草苫等覆盖物,最后2～3天完全不盖草苫,白天增加通风量,夜温降至8℃～10℃,并有1～2天经受5℃左右短时间低温锻炼。杂交种一般苗龄35～45天、有4～5片叶时适宜定植。

3. 定 植

(1)定植期 大棚10厘米地温稳定在10℃以上,棚内气温高于20℃达6小时左右方可定植。定植时间随大棚的不同保温措施又有所不同,如北京地区单层大棚安全定植期为3月27日以后,双层覆盖,棚内四周有围裙和棚内扣小拱棚或有天幕的,可在3月20日定植;多层覆盖,棚内有小拱棚、天幕及盖地膜的,可在3月15日定植;在多层覆盖的基础上再加火炉加温的,则可在3月上旬定植。定植应选择冷尾暖头的晴天进行。

(2)整地施基肥　整地和施基肥在头年秋、冬季进行。每667米^{2}施腐熟有机肥5 000～6 000千克和过磷酸钙100千克作基肥，而后翻耕冻垡。定植前20～30天覆盖塑料薄膜，以提高地温。定植前10～15天整地做畦，每667米^{2}施充分腐熟的优质农家肥1 000千克，或施饼肥100～500千克。施肥后浅耕1～2次，使土肥均匀混合，然后做畦。畦有高畦、平畦两种，高畦有利于提高地温，平畦便于浇水，可根据实际情况选用。

(3)定植密度及方法　平畦畦宽1.2米，栽2行，大行行距70厘米，小行行距50厘米，株距25～30厘米。每667米^{2}栽3 500～4 000株。高畦畦宽1.3米，栽2行，大行行距85厘米，小行行距45厘米，株距20～25厘米。可将幼苗于前1天运至大棚内，第二天争取在上午定植完。可采用栽苗后顺沟浇水的方法，也可采用浇暗水的方法，即先将苗放入预先挖好的穴内，浇足水，然后摆苗、封土，3～5天后再在一侧开沟浇水。高畦栽培，定植水要大些，平畦栽培，定植水浸过土坨即可。有条件的地方，采用滴灌效果更好，可避免浇水量过大而降低地温。

4. 田间管理

(1)缓苗期管理　定植后1周内为缓苗期，以升温为主，使棚内地温保持在12℃以上。大棚密闭，同时棚外加盖草苫围裙，棚内架小拱棚、天幕等措施，尽量使棚温升高。这时以中耕为主，当心叶长出后表明缓苗期已结束，要及时浇1次缓苗水，看苗情施促苗肥，每667米^{2}施硫酸铵或尿素5千克左右。

(2)初花期的管理　从缓苗期到根瓜坐稳为初花期，要求棚内温度保持在30℃～32℃，夜间保持在10℃～15℃，棚内温度达30℃时开始通风；中午棚内温度达40℃以上时，要通风降温。把门打开，但要在门下挡上1米高的膜帘，以免冷空气直接吹到苗上，发生冷害。当温度降至20℃时，停止通风，密闭大棚。此时管理上应促根控秧，一般不浇水，以中耕为主。促进根系发育，为结瓜打好基础。此时如不进行控苗，茎叶过旺，易发生徒长，会引起落花、化瓜。若控苗过狠，则会发生花打顶现象。发现黄瓜龙头紧聚时，应浇水，浇水后及时松土。瓜秧抽蔓时，应及时吊蔓、绑蔓。当根瓜的瓜把变粗，颜色变深时，可进行第一次追肥浇水，选晴天上午每株施入磷酸二氢钾 5～6 克。也可以每 667 米^2 施充分发酵的稀粪水或硫酸铵 15 千克，施肥浇水后，要加大通风量，在棚的两肩部扒缝通侧风。表土干湿适宜时，松土培垄。摘除基部侧枝，10 片叶以上的侧枝见瓜留 1～2 片叶摘心。

(3)结瓜期的管理

①采收盛期的管理　从根瓜采收到植株打顶前，进入营养生长与生殖生长盛期，也是各种病害容易发生的时期，此期的温度管理和肥水管理很重要。要进行变温管理，加大昼夜温差，并控制棚内空气湿度不能过大。变温管理一般上午为 30℃～32℃，下午 20℃～25℃，上半夜 13℃～15℃，下半夜 12℃～13℃。主要靠通风来控制温度，上午棚温升至 32℃时，扒缝通顶风或侧风；下午降至 20℃时，停止通风；太阳落山后，再打开通风口通夜风。外界最低气温在 10℃时，通夜风 1 小时左右；气温为 11℃～13℃时，通夜风 2～3 小时；最低气温在 14℃以上时，整夜通风。阴天也要短时间通风。一般 5～7 天浇水 1 次，选在晴天上午浇水，阴天不浇水。隔 1 次水施 1 次肥，每次每 667 米^2 施尿素 10 千克左右，或硝酸铵 15 千克或稀粪水 1 000 千克。有机肥与化肥交替施用。盛果期每 7～10 天喷 0.2%～0.3%磷酸二氢钾溶液或叶面肥叶面宝。

②采收后期的管理　当植株长至 25 片叶时摘心，进入结回头瓜期。此期棚内温度、肥水管理以及病虫害的防治效果直接影响到结瓜期的长短。这时外界气温已稳定在 14℃以上，要昼夜大通风，夜间打开两侧通风口和顶风口，最好把四周的薄膜卷起，只留顶部薄膜呈天棚状。每隔 2～4 天浇水 1 次，隔 1 次水施 1 次肥，每次每 667 米^2 施尿素 10 千克左右。有条件的地方，在苗期和结

瓜前期也可施二氧化碳肥，在整个采收期要及时绑蔓，摘除下部老叶、黄叶和病叶。大棚早春黄瓜易发生霜霉病、黑星病、细菌性角斑病、灰霉病及瓜蚜、红叶螨等。在定植前、结瓜期每次浇水后，及时施药防治。

5. 采收 根瓜尽量提早采收，以免坠秧。对于瓜码密的雌型品种，适当早收尤为重要。初期，2～3 天采收 1 次；盛期，每天采收 1 次；阴雨天，2～3 天采收 1 次。进入 7 月份，植株已衰老，即可拔秧。

6. 田间诊断 黄瓜定植到大棚以后，逐渐成长，开花结果。在黄瓜生长发育过程中，可以通过各个器官的长相进行诊断，然后将其内外关系方面存在的问题，及时加以调节，使其生长发育顺利进行，达到早熟、丰产的目的。

(1)子叶 通过观察黄瓜子叶的长相，基本上可判断整个植株的发育好坏。如果幼苗期子叶小而厚，呈墨绿色，说明出苗期土壤湿度大，地温低，根系发育不好。在苗期、温度高、湿度大、通风量小、土壤养分不足时，子叶会变薄，颜色黄绿。如果结果期子叶仍正常健壮，上部叶一般不会出现问题。

(2)茎蔓 苗期幼苗胚轴高，节间长，叶大而薄，是徒长苗的特征。徒长苗抗逆性差，容易化瓜。正常的茎蔓生长充实，棱角分明，刚毛发达，茎基部粗壮适度。茎基 10 片叶以内，茎节长 5～8 厘米，中上部节间长 10 厘米左右，茎粗 1.5 厘米，为长势适中而健壮的表现；节间过长、过短或过细为长势过旺，徒长或过弱、老化的表现。

(3)叶片 正常叶片缺刻明显，绿色，有光泽，叶柄与茎的夹角约 45°，叶面与叶柄近似直角。如果初展开的叶片叶脉间颜色变淡，顶部幼叶黄绿，是夜间温度偏低或白天光照不良的表现。叶面浓绿而缺乏光泽，说明空气湿度过低，施肥过量而水分不足；叶柄长、叶大、叶色浅，叶柄与茎的夹角大，是温度高的缘故。

(4)卷须　瓜条膨大期间，卷须与茎呈 45°角为正常。卷须若成弧形下垂，表示温度偏高或缺水。若卷须直立，顶部卷曲，表示夜间温度偏低。卷须细短或变圆卷状，是植株老化的先兆。若卷须先端变黄，可能是缺肥的表现，应及时供应肥水，并进行叶面喷肥。否则易引起病害。

(5)雌花　雌花鲜黄，子房较长，开放时子房下垂，花梗粗度不小于 0.2 厘米，是植株生长旺盛的表现；反之，雌花淡黄，子房短小、弯曲、横向生长，甚至向上开放，是长势衰弱的表现。

(6)龙头　定植缓苗后，龙头应肥壮，有两片叶以上未展开的幼叶拢包，颜色鲜绿，毛茸发达。若龙头瘦小或开展顶部真叶紧靠龙头，则可能与根系生长不良、空气湿度过低有关。

7. 病虫害防治　春大棚黄瓜易发生霜霉病、黑星病、细菌性角斑病、灰霉病及蚜虫、红叶螨等危害。以防为主，在定植前、结瓜初期浇水后施药防治。具体防治方法详见第八章有关内容。

(三)秋季大棚黄瓜无公害高效栽培技术

秋季大棚黄瓜栽培是在深秋冷凉季节，露地黄瓜已不能生产，利用大棚的保温性能，继续生产黄瓜的一种栽培形式。

1. 品种选择　秋季大棚黄瓜栽培处在前期高温多雨，后期寒冷低温的气候条件下，要选择对温度适应能力强、抗病、丰产、分枝性强的品种，如中农 10 号、园丰元 6 号、津绿 5 号等品种。

2. 播种期　秋大棚黄瓜是以延长黄瓜供应期为目的，一般播后 35～45 天收获。播种太早，幼苗赶上高温多雨，病害较重，播种太迟，尤其我国北方霜降后气温急剧下降，黄瓜难以正常生长发育，收获期太短，严重影响产量。华北地区适宜的播种期为 7 月下旬至 8 月上旬，高寒地区适宜播种期为 6 月下旬至 7 月上旬，长江中下游地区适宜播种期为 8 月下旬至 9 月上旬。生育期 100 天左右。

3. 播种方法　采用直播和育苗方式均可。直播比较简单，省工，但容易缺苗。若前茬作物不能及时倒茬，可集中育苗。

(1)直播法　一般采用扣棚直播，将大棚四周的薄膜打开通风，只留顶棚防雨，长江中下游地区在膜上面还要加盖遮阳网遮荫。播种时，在播种沟内每隔 5～6 厘米播 1 粒种子，也可按株距穴播，每穴播 2～3 粒种子。播种后覆土，稍压，随即浇水，水要浇足。

(2)育苗法　在露地搭四周通风的小拱棚，棚内做 1.5 米宽的平畦，在营养钵内播种。播种前浇足水，用催芽播种的一般 2 天后苗出齐，2 叶 1 心、苗龄 15～20 天时即可定植。

4. 整地做畦　前茬作物拉秧后，及时清除残枝落叶，进行翻地耕地。若前茬作物基肥多，土壤肥力好，可不用施肥；若肥力较差，每 667 米^2 应施腐熟有机肥 2 000～3 000 千克，耙平地面后再沟施腐熟饼肥 100～150 千克。盖土后，按宽 130 厘米，埂高 10 厘米，做平畦，大行行距 70 厘米，小行行距 60 厘米。

5. 定苗或定植　直播的黄瓜，在有第一片真叶时疏去一部分苗；2～3 片叶时定苗，每穴留 1 株苗。育苗定植前，将畦先开沟，沟内灌水，将苗放入沟中，水渗下后覆土，覆土深度与营养土坨持平即可。定植后 2～3 天内浇 1 次缓苗水。定植后的管理主要是除草、松土和保墒。所用品种若是普通花型品种在秋季栽培，应在幼苗 2 叶 1 心时喷 100 毫克/升乙烯利溶液，4 叶 1 心时再喷 1 次，以促进早结瓜、多结瓜。若所用品种是雌型品种，苗期就无须乙烯利处理。

6. 田间管理

(1)前期管理　播种后至 9 月上旬，处于高温多雨季节，要注意降温通风。播种后 3～4 天，出苗不齐，墒情不好，可再浇 1 次小水，以后经常锄草、松土，浇水要少而勤，吊蔓前结合浇水每 667 米^2 追施尿素 5 千克。结瓜后不能中耕，只能拔草。

(2)中后期管理　9 月中下旬以后是生长最旺盛时期，白天棚温控制在 25℃～30℃，夜间 15℃～18℃，白天、夜间都要加强通风。夜间气温降至 15℃以下时，应扣棚，白天通风，夜间不通风。开始结瓜后不能缺水，随着结瓜增多，逐渐增加浇水量。一般 4～5 天浇 1 次水，浇 1～2 次水，追肥 1 次，每次每 667 米^2 施尿素 10～15 千克。随着天气降温，隔 7～8 天浇水 1 次。侧枝多的品种要打掉基部侧枝，中上部侧枝见瓜留 1～2 片叶摘心，瓜秧满架后及时摘顶。

进入 10 月中下旬以后，气温下降很快，植株生长变慢，采瓜量减少，为尽量延长采收期，可用 0.2%尿素或 0.2%磷酸二氢钾溶液进行叶面追肥，并采取将大棚封严只在中午短时间通风，必要时在棚四周加盖草苫，棚内挂塑料膜围裙等防寒保温措施。

7. 采收　秋季黄瓜采收期短，只有 40～50 天。前期瓜应适当早收，及时疏去弯瓜、尖瓜。使采收盛期的瓜充分发育，提高商品率。

8. 病虫害防治　这茬黄瓜病虫害较多，有霜霉病、白粉病、细菌性角斑病、炭疽病、枯萎病和疫病，后期有菌核病等。虫害有瓜蚜、红叶螨、茶黄螨等。具体防治方法详见第八章有关内容。

(四)小拱棚黄瓜无公害高效栽培技术

采用塑料薄膜覆盖的小型拱棚，进行春黄瓜短期覆盖栽培，是把露地栽培的春黄瓜提早定植，利用小拱棚的保温防霜性能，在没有断霜前提早定植，提早收获，延长供应期，提高产量和效益。

小拱棚晴天阳光充足升温快，夜间降温也快。遇到寒流时，有时棚内气温接近外温，但低温时间短、地温较高。因此，小拱棚保温性能有限，只能比露地提前 10～15 天定植，但采收期却能提早 15～20 天。小拱棚空间小，只能覆盖一段时间，当露地气候适合黄瓜生长时，就应拆除拱棚转为露地生产。

1. 品种选择　选择对温度适应能力强、抗病、瓜码密、早熟、高产、适于露地早熟栽培的品种，如中农12号、中农16号、津优12号等品种。

2. 育苗 小拱棚栽培的目的是早熟。小拱棚应育大龄苗，苗龄50～60天，5～6片叶的大苗定植后缓苗快，拱棚内空气湿度大，气温和地温较高，有利于根系生长，茎叶生长也较快。由于小拱棚内昼夜温差大，幼苗必须有较强的抗逆性，最好在温室内育小苗，移植到冷床或小拱棚夜间覆盖草苫的育苗畦培育成大苗，也可以在温床内育苗，后期停止加温后，变为冷床，充分进行低温炼苗。

3. 定植 定植前，每667米^{2}施入有机肥5 000千克，深翻耙平，做成1米宽、10米长的高畦。为提高温度和减弱风速，最好按20米左右距离夹一道东西延长的风障，如四周都夹风障更好。

最好在定植前7天左右扣棚烤地，当棚内温度稳定在10℃以上，外界气温不低于－3℃时才能定植。一般比露地春黄瓜提早10～15天定植。定植后小拱棚上一定要覆盖草苫，否则遇到寒流，易遭冷害。

选晴天上午定植，在畦面按40厘米行距开两条定植沟，株距25～30厘米。定植前1天把移栽的苗床灌大水，定植时割坨起苗，尽量带土坨，少伤根，这样缓苗快。割土方播种的苗床起苗时可不浇水，定植时，用铲刀从10厘米深处铲下带苗土块，即可栽培。栽苗深度同土坨持平，埋土稳坨后灌大水，并立即扣小拱棚，盖草苫。

4. 定植后的管理 定植初期，密闭小拱棚不通风，以促进缓苗，因为定植水充足，小拱棚薄膜上布满水珠，不会烤伤秧苗。定植3～4天灌1次缓苗水，开始揭膜通风。白天棚内气温升至30℃时，从小拱棚两端揭开薄膜进行通风，下午棚内气温降至20℃时闭棚。畦面表土见干时，选无风晴天，揭开薄膜，在黄瓜株间追施硫酸铵，每株施5克，结合松土封垄。每株黄瓜插1根40厘米高的秫秸，把瓜蔓绑在秫秸上。再重新盖上薄膜，灌水后加强通风。

小拱棚黄瓜不容易徒长，棚内空间小，温度变化剧烈，前期灌水要勤，保持水分充足，既可防高温，又可防冻害。随外界气温升高，夜间不低于5℃时，白天从小拱棚两侧几处通对流风。不断增加通风量，延长通风时间并通夜风。当外界气温已完全符合黄瓜生育要求时，在早晨或傍晚拆下小拱棚，把瓜秧从秫秸上解下，重新支架绑蔓，插完架再进行1次浅松土，每667米^{2}追施硫酸铵25～30千克，而后灌水，以后管理同露地栽培。

(五)日光温室冬春茬黄瓜无公害高效栽培技术

日光温室冬春茬黄瓜栽培，一般是在9月下旬至10月中下旬播种，11月中下旬至12月初定植，春节前上市，一直到翌年6月底结束，生育期跨越秋、冬、春、夏四季，采收期达5个月以上。冬春茬黄瓜栽培，有较长一段时间是在一年中光照最弱、日照时间最短、温度最低的季节里进行的，技术难度大，对环境的调控技术要求较高，同时也是经济效益最高的一茬栽培。因此，首先要选择高效节能型日光温室；考虑到日光温室越冬茬栽培长达8个月以上，普通薄膜有效期只有4～6个月，且透光性差，因此还要选用保温性能好、透光率高，滴流性好的聚氯乙烯薄膜作覆盖物，同时采用小棚、草苫、地膜两种以上覆盖物。增加日光温室的增温、保温效果。

1. 品种选择 由于冬季光照弱、温度低，必须选耐低温、耐弱光、雌花节位低、节成性好、抗病性强、品质好的品种。目前已培育出一批适合日光温室冬春茬栽培的优良新品种，如津绿3号、津优35号、中农21号等品种。

2. 育苗

(1)苗床准备 一般在日光温室内设置苗床。每667米^{2}需苗床约 50 米^2，苗床为平畦，畦宽 1.2 米、深 10 厘米，长度根据苗量而定。

(2)营养土配制及消毒　用肥沃、无病虫源的田土 6 份、腐熟圈肥 4 份混合过筛。每立方米营养土加捣细的腐熟鸡粪 15 千克、过磷酸钙 2 千克、草木灰 10 千克或三元复合肥 3 千克及 50%多菌灵可湿性粉剂 80 克充分混合均匀。将配制好的营养土装入营养钵或纸袋中，密排在苗床上。接穗苗床营养土可用大田土和沙各半混合，放入塑料育苗盘中培育接穗苗，每 667 米^2 准备接穗苗床 2 米^2。

(3)播　种

①播种期　一般在 9 月下旬至 10 月上中旬播种。用黑籽南瓜作砧木，砧木的播种期，插接法比黄瓜早播种 2～3 天，靠接法比黄瓜晚播种 3～5 天。

②种子处理　播种前将黄瓜种子在阳光下暴晒几小时后精选。将种子放入 50℃～55℃的温水中，不断搅拌，待水温降至 30℃时停止搅拌，浸泡 4～5 小时。在黄瓜枯萎病严重的地区，种子要用 40%甲醛 100 倍液浸 20～30 分钟，用清水洗净药液后再用温水浸种。浸种后将种子从水中捞出，摊开，晾 10 分钟，再用洁净湿布包好，置 28℃～30℃条件下催芽，经 1～2 天出芽即可播种。包衣种子可直接催芽播种。黑籽南瓜种子需投放到 70℃～80℃的热水中，来回倾倒；水温降至 30℃时，洗掉种皮上的黏液，在 30℃温水中浸泡 10～12 个小时，置 25℃～28℃条件下催芽，1～2 天即可出芽。

③播种及出苗前的管理　催芽至 70%以上种子出芽即可播种。采用插接法时，在营养钵中播砧木种子，在育苗盘中播黄瓜种子，黄瓜种子晚播 2～3 天；采用靠接法时，砧木和黄瓜种子均播在育苗盘中，黄瓜需提前 3～5 天播种。播种后覆土，床面覆盖地膜。出苗前苗床温度白天 25℃～30℃，夜间 16℃～20℃，地温 20℃～

25℃。幼苗出土至第一真叶展开，白天苗床温度控制在24℃～28℃，夜间15℃～17℃，地温16℃～18℃。

3. 定 植

(1)定植期 10月下旬至11月上旬，嫁接苗苗龄35天左右定植。适龄壮苗形态特征是幼苗3叶1心，生长健壮、不徒长，子叶完好，茎粗壮，根系发育完好。

(2)定植前的准备

①清洁田园 为减少病原菌与虫卵，减轻病害的发生，在上茬作物生产结束后，要及时拔秧，清理干净残根、落叶及杂草。

②施用基肥 新棚，沙壤土，目标产量每667米^{2}产6 000～8 000千克，一般定植前15～20天，每667米^{2}施用腐熟的圈肥5～7米^3、磷酸二铵30～50千克，或复合肥60～70千克。老棚，目标产量每667米^{2}产12 000千克，施有机肥6～8米^3、复合肥60千克。基肥撒施后，深翻地30厘米，使肥料和土壤混合均匀，然后搂平耙细。化肥可开沟集中施在垄底。

③做垄 采用南北向，做双高垄，垄高15厘米，每小垄宽30厘米，小垄间距20厘米，大垄间距50厘米。

④扣薄膜 定植前10～15天覆盖塑料薄膜。选用聚氯乙烯农膜或EVA多功能复合膜，夜间再盖草苫。膜比温室长度长2～3米，宽度比屋面多出1米左右，使薄膜尽量包住一部分山墙，棚室前多出的薄膜压入地沟，覆土踏实，山墙顶部及两侧用砖或压膜线将膜固定牢固。

⑤灭菌消毒 扣膜后，开沟灌底水，将土壤灌透。同时，每667米^{2}用45%百菌清烟剂1千克熏烟消毒。然后封闭薄膜7～10天，晴天中午室内气温达60℃以上，可杀死多种病菌和虫源。

(3)定植方法及密度 10厘米地温稳定在12℃以上后选晴天上午定植。先在垄上开沟，为防治霜霉病等病害，在沟内按每667米^2 3千克用量均匀撒施40%三乙膦酸铝可湿性粉剂，使之与沟内土壤混合均匀,并顺沟浇透水。然后趁水未渗下按28～31厘米的株距放苗,水渗下后封沟。肥力较好的地块,适宜密度为每667米^{2}栽3300～3600株。定植后,整平垄面,垄和沟要全部覆盖地膜。定植后4～5天根系已下扎后,再在大垄沟及小垄沟内膜下灌水。

4. 定植后的管理

(1)冬季管理

①温、湿度管理　定植后缓苗前不通风,白天室温保持28℃～30℃,夜间15℃～18℃。若遇晴暖天气,中午可用草苫适当遮荫,缓苗后至结瓜期,以锻炼植株为主,白天室温25℃～28℃,夜间12℃～15℃,中午前后不要超过30℃。可揭开地膜,中耕2～3次,以促根控秧。此期要加强通风排湿,夜间可在温室上部留通风口。进入结瓜期,温室需按变温管理:8～13时,室内气温控制在25℃～30℃,超过30℃时要通风;13～17时,控制在25℃～20℃;17～24时,控制在20℃～15℃;0～8时,控制在15℃～12℃。深冬季节(即12月下旬至翌年2月中旬)及阴天,光照较差时,可不通风或在中午前后短时间通风,以排湿换气。

②肥水管理　定植至坐瓜前,不追肥。但可结合喷药,用0.2%磷酸二氢钾加0.2%尿素或0.3%三元复合肥进行叶面喷施1～2次。当植株有9～10片叶时,留的第一根瓜长到10厘米时,施用催瓜肥,灌催瓜水,每667米^{2}追施三元复合肥30～35千克,随后浇水。春节前,每20天左右追肥1次,有机肥和三元复合肥交替追施不用氮素化肥,可将三元复合肥30～35千克与鸡粪300千克交替施用。施肥后浇水。在水分管理上,除结合追肥浇水外,从定植到深冬季节,以控为主。如黄瓜植株表现缺水现象,可在膜下浇小水,并于下午提前盖苫,翌日及以后几天加强通风。

③不透明覆盖物的管理　不透明覆盖物如草苫等与棚室的光温条件密切相关。上午揭草苫的适宜时间,以揭开草苫后室内气

温无明显下降为准。晴天，阳光照到温室面时及时揭开草苫。下午室温降至20℃左右时盖苫。深冬季节，草苫可适当晚揭早盖。一般雨雪天，室内气温只要不下降，就应该揭开草苫。大雪天揭苫后室温会明显下降时，可在中午时揭开或随揭随盖。连续阴天时，可于午前揭苫，午后早盖。久阴乍晴时，要间隔揭开草苫，不能猛然全部揭开，以免叶面灼伤。揭苫后若植株叶片发生萎蔫；应再盖苫，待植株恢复正常，再间隔揭苫。最寒冷季节，室内长时间处于12℃以下时，应在草苫上再加盖一层薄膜或草苫，前窗加围苫，防止低温危害。

④光照条件的调节　采用无滴膜覆盖，可提高透光率。经常清扫薄膜上的碎草和尘土。在温室内后墙前张挂反光幕，高2米左右，上端拉细铁丝，使反光幕固定其上，下端卷上细竹竿，将其拉直。同时，注意合理密植和植株调整。

⑤植株调整　7～8节以下不留瓜，以促进植株生长健壮。用尼龙绳或塑料绳吊蔓，呈“S”形绑蔓，使龙头离地面始终保持在1.5～1.7米。整个生长期共落蔓2～4次，将落下的茎蔓有规律地盘绕在垄面上，以免脚踏或水浸。每株尽量保持功能叶12～15片。及时摘除卷须、雄花及底部侧枝，深冬季节，对瓜码过密的品种，可适当疏掉部分幼瓜或雌花。

(2)春季管理

①温度管理　2月下旬后，气温回升，黄瓜进入结瓜盛期，应加强管理。要重视通风、调节室内温、湿度，使室内温度白天上午达28℃～30℃、夜间13℃～16℃。温度过高时，可通腰风和前后窗通风。当夜温达15℃以上时，不再盖草苫，可昼夜通风。3月中旬将反光幕撤下。

②肥水管理　2月下旬后，黄瓜需肥量增加，要适当增加施肥、浇水量。结合浇水，每15天左右冲施1次化肥，以尿素和三元复合肥为主，每次每667米^{2}施尿素15～20千克，或复合肥20～

30千克。也可用尿素20～30千克与300千克鸡粪交替施用。后期还可用0.2%～0.3%尿素或磷酸二氢钾进行叶面施肥，以壮秧防早衰。

(3)增施二氧化碳气肥　二氧化碳是植物进行光合作用必不可缺少的物质。在冬季保护地中，二氧化碳浓度变化有一定的规律性，特别是早春和冬季低温时，为了保温，保护地常处于相对密封状态。由于植株的呼吸作用和微生物的活动，夜间二氧化碳含量增加，在日出前达到最高值，比外界空气中含量增加近1倍，日出后随着揭苫，光照强度增加，很快表现二氧化碳严重不足，光合作用受到影响，这时应增施一定浓度的二氧化碳，一般能增产15%～20%，还有提高品质，延长采收期的作用。目前生产上增施二氧化碳的方法主要有燃烧法和生物法。

①燃烧法　通过煤、石油和天然气燃烧放出二氧化碳。北京和达电机公司与解放军第二炮兵合作开发生产的和达牌二氧化碳增施器，经大面积推广应用，在短时间内可使日光温室中二氧化碳浓度增至0.1%～0.2%，增产效果明显，无毒无害，安全可靠，耗能低、价格便宜，是日光温室进行二氧化碳施肥的理想产品。

②生物法　大量施用有机物，在发酵过程中利用微生物分解产生二氧化碳，也可在垄下铺碎草、麦秸、马粪，既可保墒，又补充二氧化碳，效果良好。食用菌与黄瓜间套作。食用菌出菇过程中放出大量二氧化碳气体，供黄瓜生长需要，黄瓜白天光合作用中放出大量氧气，又是食用菌所需。同时，黄瓜又给食用菌遮荫，使之在散射光下良好生长。

二氧化碳施肥应注意施用时间，一般前期施用效果好，通风前施用比通风后效果好，上午较午间效果好。冬、春季黄瓜整个生育期施用2～3次，每次持续20～30天，即12月中旬至翌年1月上旬施用1次，持续20天。1月下旬至2月下旬施用1次，持续30天。3～4月份再施用1次，持续30天左右。

5. 病虫害防治 越冬茬黄瓜易发生多种病虫害，在加强栽培管理的同时，应抓好综合防治工作。选用高效、低毒、低残留农药。施用农药要严格执行安全间隔期，采收前 7 天，不允许喷布杀虫剂。主要病害有霜霉病、灰霉病；虫害有蚜虫、白粉虱、美洲斑潜蝇等。具体防治方法详见第八章相关内容。

6. 采收 黄瓜达到商品要求时，应及时分批采收。一般在早晨采收。采收时，注意不要碰伤瓜把、刺瘤，不要让黄瓜接触地面，以免污染。

(六)日光温室早春茬黄瓜无公害高效栽培技术

早春茬日光温室栽培黄瓜其上市时间正值蔬菜淡季，价格好，是经济效益较高的栽培茬口。一般是从 11 月中旬至翌年 1 月上旬育苗，1～2 月份定植，2～3 月份开始收获，5～6 月份结束。其育苗期在寒冬季节，苗龄约 95 天，早春温室温度开始回升时定植，结果期在春、夏之间，始收期比春大棚早。这茬栽培，重点是做好育苗的保温防寒措施，应选用春用型日光温室。

1. 品种选择 选择耐低温又耐高温，耐弱光又耐湿，瓜码密，结回头瓜能力强的抗病优质品种，如津优 35 号、中农 21 号等品种。

2. 育 苗

(1)苗床准备 该茬的育苗正处在最寒冷的季节，应在温室中部温度和光照最好的地方育苗。一般苗床宽 1.5～2 米、深 15 厘米，长度视育苗量而定。有条件的地方，可采用温床育苗和利用营养钵、营养纸袋育苗，有利于培育长龄壮苗，争取早上市的有效办法。如采用电热温床，每 10 米^2 苗床，用 100 米长、800 瓦功率的电热线，均匀布于床面。布线方法：在苗床的两端插上小木桩，把电热线呈回形绕在小木桩上，然后将电热线的两导线从床的一端引出，与电源或控温仪连接，布线时不能重叠、交叉、打结、截线或加长，线的行数取双数，以便使线的两端从床的一端引出。铺完线后撒一层土，将营养钵整齐地码放在育苗床内待播，播后扣小拱棚。也可做马粪酿热温床，床面相同，深 25 厘米，先在床底铺一层厚 3～4 厘米的稻草，浇透水，铺新鲜马粪 10 厘米厚左右，踏实，床面扣小拱棚，3～4 天即可发酵升温。温度升至 30℃左右，揭下小拱棚即可码放营养钵待播。营养土配制及消毒、种子处理及播种方法参照日光温室冬春茬育苗有关内容。

(2)播种期　从 11 月中旬至翌年 1 月份均可播种。播种期取决于黄瓜最佳上市时间和最适宜的定植时间。一般选晴天上午播种，播种后扣小拱棚保温。

(3)苗床管理

①温度管理　播种后床内温度白天保持在 25℃～30℃，夜间 16℃～18℃，床温比气温高 1℃～2℃。80%苗出齐后及时降低温度，白天 20℃～25℃，夜间 14℃～16℃，防止徒长。当幼苗具 4～5 片叶时，应倒苗 1 次，扩大营养面积，将小苗放在温度较高的地方，大苗放在温度较低的地方，使幼苗生长一致。定植前要进行低温锻炼，白天或黑夜不再加覆盖物，白天控制在 20℃～23℃，夜间 10℃～12℃，或在短时间 8℃以下可提高抗逆性，有利于适应定植环境。

②水分管理　苗期浇水要适当，过大容易沤根。土壤相对含水量控制在 80%～90%。当营养土干燥时，可撒细土覆盖，以防止土壤过于干燥，避免浇水降低地温。必要时，少浇水，浇小水，以保持适宜的土壤湿度。

③光照调节　苗床扣小拱棚，对保温有好处，但影响透光。因此，除选透光率好的塑料膜外，在确保温度的前提下，即使是阴天也要尽量揭膜排湿、透光。

3. 定　植

(1)施基肥、整地　充足的肥料是春茬黄瓜高产的必要条件。

一般每 667 米^2 施优质圈肥 4 000～7 500 千克、磷酸铵 76～100 千克、饼肥 200 千克左右、草木灰 150 千克，有条件的还可施硫酸锌 3 千克。

（2）做畦（垄） 栽培有高畦和垄栽两种方式。高畦，畦高 10 厘米，大行 65 厘米，小行 45 厘米；垄栽，垄高 15 厘米，大小垄 100 厘米×70 厘米或等距离垄 70 厘米×70 厘米。

（3）定植期 根据棚室温度和苗龄是否达到定植要求。不加温的日光温室，要求地温必须在 10℃以上，气温至少在 5℃以上，苗龄达 45～55 天、幼苗 4～5 片真叶时方能定植。一般在 1 月份至 2 月初定植。

（4）定植密度及方法 春茬栽培属于早熟栽培，应以密植为主，一般每 667 米^2 栽 4 000 株左右，高畦采用 65 厘米×45 厘米，株距 30 厘米；垄栽 100 厘米×70 厘米或 70 厘米×70 厘米，株距 25 厘米。密度还可根据不同品种要求而定。定植时最好采取有利于提高地温的措施。如定植时必须选晴天上午进行，力争在下午 2 时前结束；定植后能赶上 3～5 个晴天最为理想；另外，采用高垄定植，苗不宜深栽，覆土封穴后苗坨与垄面持平即可，栽后穴浇稳苗水，不要顺沟满浇水，应浇 20℃以上的温水，最好浇 40℃～50℃温水。严禁用室外河水、冰水浇灌；定植时遇到阴天，只定植不能浇水；定植后要盖地膜，再扣小拱棚。一切措施为保持棚室内所需气温和地温，有利于缓苗。

4. 定植后的管理

（1）缓苗期管理 缓苗期在定植水浇足的情况下，一般不再浇水。未覆盖地膜的要中耕 2～3 次，盖地膜的要锄松畦沟土，达到保墒目的。缓苗期要尽量提高温度，要密封温室，严盖小拱棚，遇到寒流时要加盖草苫和纸被，甚至辅助加温。室内白天温度不超过 35℃，夜间不低于 16℃～18℃时不通风，以促进缓苗。当新根长出，心叶开始生长，7～8 天缓苗期结束，选晴天顺沟浇 1 次大水；秧苗不壮的，每 667 米^2 可施饼肥 100～150 千克，或复合肥 20～30 千克，与土拌匀后封土，再浇水。这时培育壮苗很重要。缓苗后，要及时吊绳绑蔓，使黄瓜龙头处在同一水平线上。使用网架的，不用绑蔓，效果更好；并及时去掉侧枝。

(2)根瓜采收前的管理　从缓苗到根瓜采收前，肥水管理是促根控秧，防止徒长。白天温度在 30℃左右，夜间 14℃～16℃。偏管弱小苗，可用磷酸二氢钾 500 倍液灌 1 次根，促弱苗转壮。缺水时，顺沟浇小水，不可施速效化肥，并锄划提温保墒。有徒长趋势的苗，可降低夜温至 12℃左右。但应尽量保持较高的地温。当大部分植株根瓜长 10～15 厘米时，掌握好浇第一次肥水的时机。施肥浇水早了，会徒长疯秧；晚了，会出现坠瓜现象。若结瓜正常且不缺水，可推迟到根瓜采收后浇第一次肥水，若结瓜不正常，土壤缺水，应提前浇水。

(3)盛瓜期管理　根瓜采收后，植株进入生殖生长和营养生长同时进行的阶段，既要保持适温，又要大肥大水。当 3 月下旬外界气温开始回升时，防止高温危害，白天保持在 25℃～30℃，夜间 14℃～15℃，超过 32℃时要通风。阴天，室温比晴天低 2℃～3℃，阴雨天也要揭开草苫，适当通风、排湿，以控制病害发生。4 月上旬后随气温升高，要逐渐加大通风量，直至夜温保持在 15℃以上。结瓜时，经常保持土壤湿度、采收初期 6～7 天浇 1 次水，隔 1 次水追 1 次肥，采收盛期，4～5 天浇 1 次水，隔 1 次水追肥 1 次。每次每 667 米^2 随水追施尿素或磷酸二铵 10 千克左右。追 2 次氮肥后再追 1 次复合肥，每 667 米^2 追复合肥 10～15 千克，或过磷酸钙 25 千克。当瓜秧满架后要摘心，并重追肥 1 次，促进结回头瓜。另外，还可以结合施药进行叶面喷肥，常用 0.2%磷酸二氢钾或 0.2%磷酸二铵或 0.2%尿素。结瓜期要随时绑蔓，侧枝见瓜留 1～2 片叶摘心。经常摘除卷须、黄叶和病叶，以利于通风透光。结瓜盛期进行二氧化碳施肥效果更好，具体方法见日光温室冬春茬栽培中关于增施二氧化碳气肥内容。

(4)后期管理　后期植株摘心后，功能叶减少，生育期渐趋结束，外界气温不断升高，也不利于黄瓜生长发育，这时，应加强病虫害防治，加大通风量，减少灌水次数，降低湿度，控制茎叶生长，促使养分回流，促发侧枝形成回头瓜。回头瓜形成后进行正常浇水追肥。追肥以钾肥为主，补充氮肥。最后大部分结畸形瓜时，应及时拉秧。

5. 采收　根瓜应适时采收，防止坠秧。初期 2～3 天采收 1 次，盛瓜期每天采收，阴天 2～3 天采收 1 次。采收应在早晨进行。

(七)日光温室秋冬茬黄瓜无公害高效栽培技术

日光温室秋冬茬黄瓜栽培，一般 8 月上中旬至 9 月上旬播种，10 月上旬开始收获，延至翌年 1 月中旬结束，可满足北方地区黄瓜淡季市场供应。该栽培模式，黄瓜幼苗期处在高温季节，经过一段较短的适温期后随即转入低温，同时光照也由强变弱，栽培技术及对日光温室的要求均不同于冬春茬黄瓜。目前，生产中常选用琴弦式日光温室或寿光改进型日光温室。

1. 清洁田园　春茬作物生产结束后，及时拔秧，并将残根、落叶和杂草清理干净。

2. 消毒温室　在播种或定植前 10 天左右，密闭温室，用 52% 百菌清烟剂 200～250 克，分 5～6 处点燃熏烟，以消灭病原物。

3. 品种选择　根据日光温室秋冬茬黄瓜气候变化规律，选择前期耐热、后期抗寒、生长势强、中后期产量高、雌花节率较高的、抗病优质的黄瓜新品种，如津优 12 号、园丰元 3 号等品种。

4. 育　苗

(1)播种期　选择适宜的播种期，是获得秋冬茬黄瓜高产的关键技术之一。早播，产量较高，但上市价格低；晚播，上市价格高，但产量低。东北及内蒙古地区宜在 8 月上中旬播种，东北南部、华北及西北地区宜在8月中下旬至9月上旬播种。

(2)育苗方法　秋冬茬黄瓜直播秧苗分散,不便于管理,直播苗根量也相对少,还容易徒长。因此,生产上多在温室前屋面扣旧薄膜育苗,既可以降低温度,还起到防雨作用。如旧膜外再扣一层遮阳网,则遮荫、降温效果更好。或在露地搭小拱棚育苗。棚膜四周要高高撩起,以利于通风。育苗床采用高畦,畦宽1～1.2米,畦长5～6米,畦高10～15厘米。每667米^{2}需8～10个育苗床。

(3)苗期管理　播种期处在高温、长日照条件下,往往雌花节位高,雌花数少。因此,在幼苗2叶1心时,用100毫克/升乙烯利溶液喷施1次,4叶1心时用150毫克/升乙烯利溶液再喷施1次,可促进早出多出雌花,增加产量。但品种为雌型杂交种的,如中农10号杂交种,不宜施乙烯利。苗期因高温,蒸发量大,幼苗应及时补充水分,宜在早晨或傍晚时浇水。

5. 定　植

(1)整地做垄、施基肥　施充分腐熟的优质农家肥,如堆肥、鸡粪、饼肥等。每667米^{2}施4000～5000千克作基肥,深翻20厘米,整地、耙平,做宽1.1米、高10～15厘米的垄。在垄台上开两条相距45厘米的定植沟。在沟内施磷酸二铵50千克、过磷酸钙50千克。

(2)定植时间及密度　播种后15～20天,幼苗2叶1心至3叶1心时定植,定植时按株距25厘米放苗于定植沟内,浇透水,随即覆土。定植深度以苗坨表面与垄面相平为宜。定植密度为每667米^2 4000～4500株。

6. 定植后的田间管理　指缓苗后,幼苗具4～5片叶以后的管理。

(1)温度管理　10月份以前,温度仍较高,可以在露地生长一段时间。日平均气温达18℃时,开始扣膜。在不下雨的情况下,要昼夜通风，温室顶风口、腰风口、底风口及后墙、山墙的通风窗都应打开，以免高温徒长，下雨前要把薄膜盖好。进入10月份后，最低气温达15℃时，要关闭后墙和山墙的通风口，采用扒缝通风的方法逐渐降低通风量，白天保持25℃～30℃，夜间13℃～15℃，阴天白天保持20℃～22℃，当气温降至12℃时，夜间开始闭风，随着气温的继续下降，将底脚薄膜埋严，通顶风和腰风，最后只通顶风。当气温降至12℃以下时，开始覆盖草苫，前期早揭晚盖，进入严冬季节，晚揭早盖，还要采取盖纸被、盖2层草苫等保温措施。

(2)肥水管理

①根瓜采收前的管理　定植后及时浇水对缓苗很重要。一般需浇3～4次水，第一次顺沟浇定植水，定植后第二天浇第二次缓苗水，第三次浇水视墒情确定。以后进行中耕培土1～2次，促进新根发生，7～8天后即可缓苗。此期植株恢复生长，必须再浇1次水。若基肥不足，可在定植沟两侧开沟施豆饼肥掺磷肥，与土混匀后用土壤覆盖再浇水，不可追施速效氮肥。以后只能用锄破土保墒不可中耕，促进新根延伸。否则易伤根。

②结瓜期的管理　当根瓜长至10～15厘米时，视情况追肥浇水。土壤缺水，植株长势差的，需在根瓜膨大前施肥浇水；土壤不缺水，植株长势旺的，可推迟到根瓜采收后进行。一般结合浇水将追肥顺水冲入。每667米^{2}施硫酸铵或磷酸二铵30～40千克。浇水后要加强通风排湿。进入结瓜期后，根据温度和光照强度、植株长势进行浇水。一般前期温度高，光照强，晴天多，通风量大，适当勤浇水，浇水量大些；后期温度低，光照弱，阴天多，通风量小，适当少浇水。天气尚好时，一般10天左右浇1次水，以后逐渐延长到15～20天浇1次水。结合浇水每667米^{2}施硫酸铵或磷酸铵15～20千克。结瓜后期一般停止追肥，为获得高产，可进行根外追肥，以补充营养不足。可喷磷酸二氢钾、叶面宝和尿素等。

③吊绳和植株调整　参照日光温室越冬茬有关内容。

7. 采收 采收是植株调整的一个手段。植株上部没有坐住瓜,长势强,采收后易促进植株徒长,应推迟几天采收。如植株长势弱,可提前采收,以避免坠秧。一般结瓜前期,温度高,光照好,肥水充足,应勤采收。中后期温度低,光照弱,应减少采收次数。摘瓜一般在浇水后进行。

三、黄瓜无土高效栽培技术

无土栽培是将作物栽培在人工配制的营养液里,或者栽培在特殊的物质(河沙、蛭石、岩棉)中,定时定量地供给营养液,因不用土壤栽培,所以叫无土栽培,或叫营养液栽培、水培。无土栽培是一项新的栽培技术,源于美国,栽培历史短,但发展很快。目前,美国、英国、日本、荷兰等国家有相当规模的生产面积。特别是荷兰无土栽培的蔬菜、花卉出口量很大,赚取了大量外汇。我国无土栽培起步较晚、黄瓜无土栽培尚在研究应用阶段。但随着我国经济发展,人民生活水平的提高和无公害蔬菜生产的发展,黄瓜无土栽培将有广阔的发展前景。

(一)黄瓜无土栽培的特点

1. 彻底克服连作障碍 蔬菜保护地生产,由于多年连作,造成黄瓜病虫害严重,土壤盐渍化加重,出现连作障碍,采用无土栽培可彻底解决这一问题。

2. 蔬菜生长快,生长周期短,产量高 无土栽培可依据作物不同生育阶段特点,提供适宜的养分、水分和空气等条件。定植后没有缓苗期,只要阳光充足,可以密植,或实行立体栽培,收获期提早,产量明显提高。

3. 节省肥料和用水 可较精确地定量施肥、供水,既能满足作物各生育阶段的需要，又不浪费，避免了养分、水分的流失，较传统栽培方法节省肥料 50%～80%，节约水量 50%～70%。

4. 产品质量高，无污染 无土栽培很少或无土传病害，加上环境条件的综合控制，病虫害发生少，可以少施或不施农药，避免了重金属离子、寄生虫、病原菌及农药的危害。蔬菜产品洁净，无污染，符合无公害食品的要求。

5. 不受地点和空间限制 无土栽培可在盐碱地、土壤严重污染地区或沙漠地区进行，不受地域、空间限制。

6. 改革了传统的农艺操作 减轻了劳动强度，改善了劳动环境，可以进行机械化、自动化生产，实现工厂化、现代化生产。

(二)无土栽培的类型及方式

无土栽培类型主要分液体栽培与固体基质栽培两大类。根据营养液供应方式的不同及固体基质的不同，又分成多种栽培方式(图 6-13)。以下介绍 5 种栽培方式。

1. 沙培法(槽培法) 以沙砾为基质装入一定容积的栽培槽内，定时定量浇灌营养液，种植作物。槽一般长 15～20 米、宽 40～100 厘米、高 10～15 厘米。槽框用砖、水泥板、木板等制成。槽内填基质厚 5～10 厘米，上覆一层蛭石，以减少水分蒸发和防止基质过热(图 6-14)。

施液方式多采用喷洒式或滴灌式。一般在栽培槽内上端，建一营养液罐，经过阀门、过滤器与滴灌设备连接，滴灌设备最好是滴灌带，也可是滴头。在栽培槽另一端，安装一回液池，回收经排液管流出的营养液。

2. 袋培法 用厚度为 0.1 毫米的聚乙烯塑料袋，分直立型和扁平型两种：直立型高和直径各为 20 厘米，每袋种 1 株黄瓜；扁平型一般为 100 厘米×20 厘米×8 厘米或 90 厘米×40 厘米×8 厘米。每袋种 3 株黄瓜，塑料袋颜色以复合色、乳白色、银灰色和黑

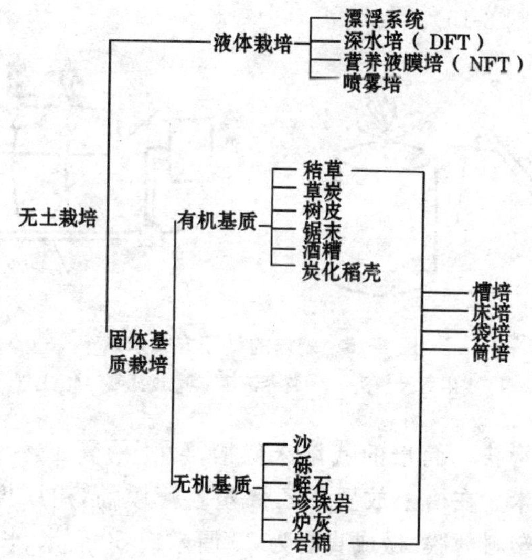

图 6-13　无土栽培的类型示意

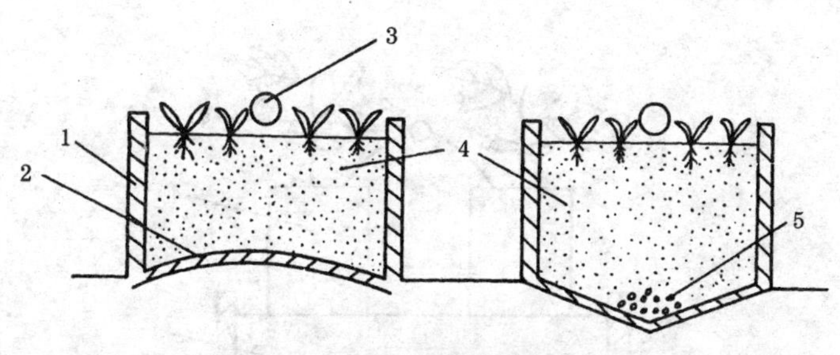

图 6-14　槽培横断面示意

1. 槽框　2. 塑料薄膜　3. 滴灌带　4. 基质　5. 粗石砾

色为好。袋的底部要穿些排水孔，以便于排水。

袋培的供液方式是滴灌，每一袋或每一株黄瓜一个滴头，其供液流程是营养液⟶过滤器⟶主管（直径 50 毫米）⟶毛管（直径 20 毫米）⟶水阻管（直径 4 毫米）在出水口有 1 个直径为 1 毫米的滴头(图 6-15)。

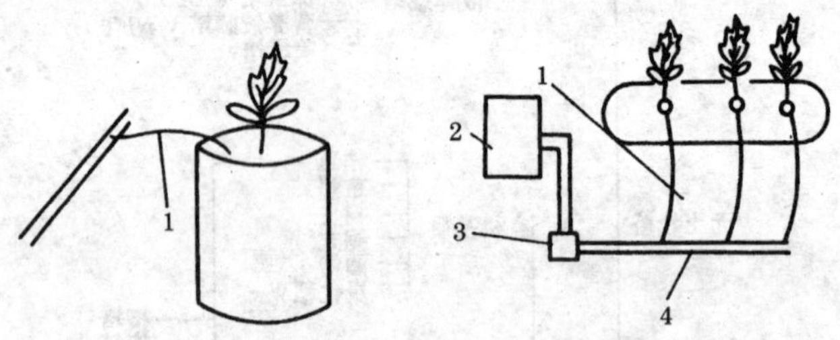

图 6-15 袋培的供液方式示意

1. 水阻管及滴头 2. 营养液罐 3. 过滤器 4. 主管

3. 筒培法 筒培的栽培床似槽培法,槽高 12～15 厘米、宽 60～75 厘米。在槽上放置聚乙烯塑料薄膜筒,用厚度为 0.06～0.08 厘米塑料薄膜,做成直径为 20 厘米或 50 厘米、长 25 厘米的培养筒。直径 20 厘米的每筒栽 1 株,直径 50 厘米的每筒栽 3 株。滴浇系统同袋培(图 6-16)。

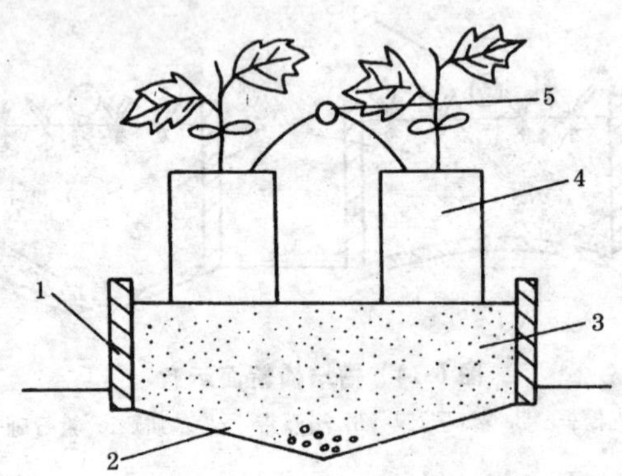

图 6-16 筒式栽培横断面示意

1. 槽框 2. 塑料薄膜 3. 基质 4. 培养筒 5. 滴灌设备

4. 营养液膜系统栽培(NFT) 营养液膜技术是目前世界上

较为流行的水培技术。它由营养液贮液池、泵、栽培床、管道系统和调控系统构成。营养液在泵的驱动下从贮液池流出，经过栽培床，在栽培床上形成深为0.5～1厘米厚的流动营养液膜，为根系提供良好的水、营养和空气条件，最后营养液又回到贮液池，形成循环供液系统。主要由以下部分组成(图6-17)。

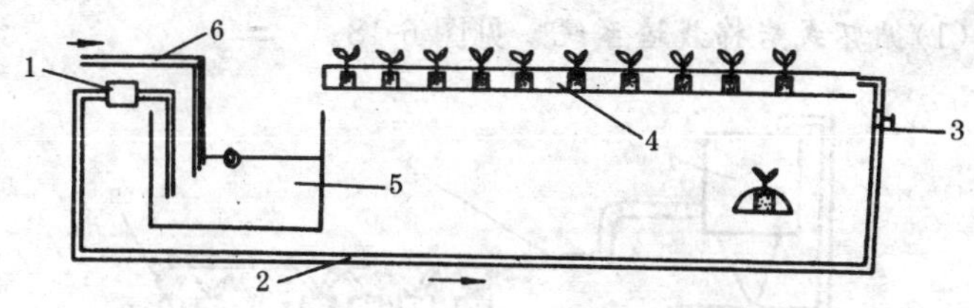

图6-17 营养液膜系统基本结构示意

1. 泵 2. 塑料管道 3. 调节阀

4. 栽培床 5. 贮液池 6. 给水装置

(1)栽培床(槽) 是直接承受植物根系和营养液缓慢在其上流动的床式或槽式或管状结构。要求有一定坡度，一般坡度为1∶80～100。长度以10米为宜，最长不超过30米。将育苗块或营养钵中的幼苗成行沿栽培槽定植。用水泵把营养液从贮液池通过管道扬到栽培槽上端，营养液缓慢地沿栽培床流经作物根盘底部，再通过管道流回贮液池。

(2)供液循环系统 由泵和管道组成。水泵可用0.5千瓦密封式耐腐蚀小型水泵。通过水泵将营养液扬到给水管道(直径5厘米)，通过滴头将营养液送入栽培床，营养液流经栽培床，进入排水管道(直径10厘米)，最后流回贮液池。

(3)贮液池(槽) 贮液池容量设计一般按每平方米栽培床10升容积计算，可用砖、水泥砌成，内侧表面应涂树脂或沥青，以防腐蚀。贮液池一般建在地下。

5. 岩棉栽培(RF) 是近几年继荷兰、英国、丹麦、日本等国之后迅速开发普及的一种新式无土栽培技术，而且有取代营养液膜技术的趋势。

岩棉的保水性和透气性比较好。灌注营养液后，含水率为60%，可保持相当多的营养液。在一定时间内根据蒸发和吸收情况，及时补充营养液即可。

(1)循环式岩棉栽培系统　见图6-18。

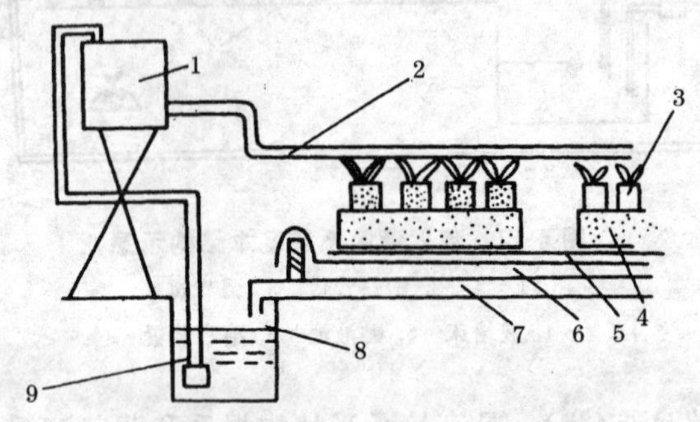

图6-18　循环式岩棉栽培系统示意

1. 贮液池　2. 灌液管　3. 岩棉块　4. 岩棉板
5. 无纺布　6. 塑料薄膜　7. 排液管　8. 集水池　9. 泵

①栽培床　长10～20米、宽30厘米。栽培床先铺一层乳白色或银灰色或里黑外白的复合塑料薄膜，薄膜上再铺一层无纺布，以防止底部被植物根系穿过，保证营养液畅通。然后放置岩棉板(规格90厘米×20厘米×7.5厘米)，在岩棉板上放置带苗的岩棉块；最后用铺底的塑料薄膜将无纺布、岩棉板和营养块一起包住。

②滴灌循环系统　由设在1.8米高的贮液池，通过装配在各个栽培床的直径为20毫米的固定滴液管，向岩棉板上洒水。供液时，多余的营养液通过安装在岩棉板底下的排水管聚集到集水池中。集水池中设置水泵，将营养液提升到高架贮液池中，再向下供液。

(2)非循环滴灌系统　非循环滴灌系统是在岩棉板上放置有

孔的滴灌管或从直径15～20毫米的硬质管中分支出滴灌管，每株均安装滴灌管，营养液一滴一滴地定时供给，多余的营养液从栽培床下的开口排出，不再利用(图6-19)。

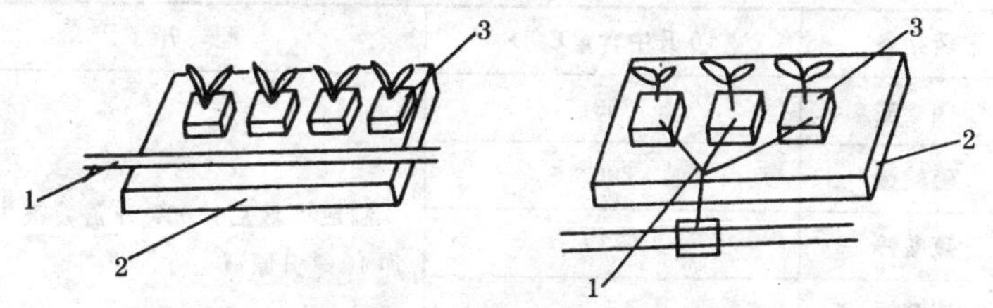

图6-19 非循环式岩棉栽培系统示意

1. 滴灌管 2. 岩棉板 3. 育苗岩棉块

(三)营 养 液

无土栽培必须使用营养液，营养液是把含有作物生育所必需的元素肥料溶解在水中配制而成的。

1. 营养液的组成 营养液的组成包括蔬菜生长发育需要的大量元素和微量元素两部分，大量元素主要有氮、磷、钾，此外还有钙、镁、硫。黄瓜等蔬菜对大量元素的需要量大，只有充分供给才能保证正常发育。适于黄瓜营养液的大量元素见表6-2。

表6-2 日本两种黄瓜营养液的大量元素配方 (水:1 000升)

营养液配方	硝酸钾(克)	硝酸钙(克)	硫酸镁(克)	磷酸二氢钾(克)	铁螯合物(克)	成分浓度(毫摩/升)				
						硝态氮	磷	钾	钙	镁
国试配方	810	950	500	155	20	16	4	8	8	4
山崎配方	610	830	500	120	20	13	3	6	7	4

微量元素是生长发育需求量很小的一些元素，但它们对蔬菜

生长发育和生理活动十分重要，既不可缺少，又不能替代。一般营养液中微量元素见表 6-3。

表 6-3 微量元素原液配方

药品名	10 升中含量(克)	配 方
硼 酸	300	制成原液后，1000 升营养液中加 10 毫升原液
硫酸锰	200	
硫酸锌	22	
硫酸铜	5	
钼酸钠	2	

2. NFT 营养液配方 见表 6-4。

表 6-4 NFT 营养液配方标准 (毫克/升)

营养元素	最低含量	最适含量	最高含量
硝态氮(NO_3^-)	50	150～200	300
铵态氮(NH_4^+)	5	10～15	20
磷(P)	20	50	200
钾(K)	100	300～500	800
钙(Ca)	125	125～300	400
镁(Mg)	25	50	100
铁(Fe)	1.5	6	12
锰(Mn)	0.5	1	2.5
铜(Cu)	0.05	0.1	1
锌(Zn)	0.05	0.05	2.5

续表 6-4

营养元素	最低含量	最适含量	最高含量
硼(B)	0.1	0.3～0.5	1.5
钼(Mo)	0.01	0.05	0.1
钠(Na)		<30	<90
氯(Cl)		<50	<150
硫(S)		500～200	

3. 水质 配制营养液用的水质决定着配方的质量。雨水是配制营养液的优质水，河水、井水、自来水也是良好的水源。含钠、氯离子多的水，不宜用来配制营养液。含钙、镁多的硬水，在配制时应减少钙、镁用量。应尽量用软水配制营养液。

4. 配制营养液注意事项

第一，用于配制营养液的水，最好事先测定其酸碱度和含盐量，分清是软水（不含或少含 Ca、Mg）还是硬水。无土栽培最好用软水或雨水。如果是硬水，最好测出钙、镁含量，配制时减少钙、镁盐的用量。

第二，配制营养液时，氮肥以硝态氮为主，不用或少用铵态氮肥。根系吸收以硝态氮为主，营养液中的铵态氮不能转化为硝态氮，铵态氮过多易引起氨中毒。氯离子对蔬菜有毒害作用，故营养液不施或少施氯化物。营养液中的钙离子与硫酸根易形成难溶于水的沉淀。配制时，要分别溶解，使用时再混合。边配边用，不要搁置。

第三，在营养液配制过程中，要用热水配原液，不断搅拌使之迅速溶解。

第四，不同作物所需营养液的酸碱度不同，黄瓜适宜的 pH 值为 6.3，适应 pH 值范围为 4.8～6.5。pH 值常用酸或碱来校正。

如 pH 值过高，常用硫酸、盐酸或硝酸滴入校正；如 pH 值过低，则用碳酸钠溶液校正。

(四)基 质

在基质栽培和液体栽培的育苗期间，都需要基质。基质的作用：一是固定作物根系，使作物不易倒伏；二是基质能保持一定的营养成分，并且在基质颗粒之间或内部的孔隙中保持一定的空气，能维持作物根系生长的需要。常见的基质有泥炭、蛭石、珍珠岩、沙砾、锯木屑等。

1. 基质的特性

(1)化学特性

①稳定性强　无土栽培的基质要求稳定性要强，不易被生物分解和化学分解。

②pH 值要求中性　基质过碱过酸要用酸或碱加以调整。

③缓冲能力大　施入的营养液，pH 值迅速改变时，要求基质的缓冲能力要大。

④吸收性大　是对营养元素的保存能力。吸收性大的基质如泥炭、蛭石等施肥量可稍大，施肥的间隔时间也可长一些；吸收性小的基质保肥能力差，施肥浓度要小，要经常施肥。

⑤有害物质成分　是指基质中过高的石灰质和可溶性盐类。如石灰质的砾和沙含有较多的碳酸钙。木材中往往含有氯化铵和锰离子。含量过大时，对作物有害。

(2)物理特性

①容量　单位体积基质的干重用克/厘米^3 或吨/米^3 表示。重量一定时，容重越大，颗粒之间越紧实；容重小，颗粒之间比较疏松。

②孔隙度与空气和水的含量　基质孔隙包括基质颗粒内部的孔隙和基质颗粒集合在一起造成的粒间孔隙。这些孔隙占基质总

体积的百分数称总孔隙度。总孔隙包括毛管孔隙和非毛管孔隙。毛管孔隙的直径为0.002～0.2毫米。这种孔隙有毛管作用，能保持水分，这种水分能借毛管力运动。毛管孔隙越多，保水能力越强；非毛管孔隙直径大于0.2毫米，空气、水分都容易通过，但不能保持水分。平时这类孔隙经常充满空气。基质能在作物生长的根毛周围提供足够的空气和容易被利用的水(包括营养液)是基质重要的物理特性。适宜的基质毛管孔隙与非毛管孔隙的比例要恰当，一般要求同时能提供20%容量的空气和20%～30%容易被利用的水分。

③颗粒大小与形状　由于水分保持在颗粒表面和孔隙内，因此，基质颗粒的大小和形状影响着容重、空气和水的含量。颗粒越小，表面积和孔隙度越大，因而保水越多。不规则的颗粒具有较大的表面积，因而能保持较多的水分。多孔物质能在颗粒内保持水分，因而持水量也较大。基质不仅必须具有良好的保水性，还必须具有良好的透气性。所以，过细的基质透气性差，氧气不足，不宜使用。

2. 常用基质

(1)泥炭　又称草炭、泥炭土。主要分布在吉林省和黑龙江省。一般泥炭风干后疏松多孔而质轻，能吸收大量的水分，有的吸收的水分可达干重的10倍。泥炭含氮约1%～2%，含磷、钾极少。泥炭中还含有腐殖质。泥炭呈酸性反应，pH值为4左右。

(2)蛭石　是铝硅酸盐类含水云母族中的一种矿物。容重较小，每立方米重90～160千克，每立方米可吸水500～600升。其保肥能力和吸肥能力较腐殖质差，但较其他矿物质强，还含有多量的镁和一定量的钾，这些矿物质元素，可慢慢释放出来，被作物吸收。适合无土栽培的蛭石粒径为2～3毫米。

(3)珍珠岩　是一种疏松多孔的硅质矿物，每立方米重80～130千克，吸水力较强，能吸收相当于本身重量的3～4倍的水，

pH 值为 6～8。珍珠岩没有保肥和缓冲作用,不含矿物质营养,但通气性很好。颗粒直径为 1.5～3 毫米的珍珠岩,适合作无土栽培的基质。

(4)炉渣　以大锅炉燃烧成蜂窝状结块的为好。一般含 150 毫克/升速效钾,pH 值为 7.7 左右。有的炉渣含石灰质较多,呈强碱性反应的,不宜使用。炉渣是一种较硬而又多孔的颗粒物质,具有较强的保肥能力和缓冲能力。炉渣使用时要打碎,颗粒直径要求 0.6～3 毫米,用前应用清水洗干净。

(5)沙　是一种硬度、比重较大,抗分解性强的物质。沙的颗粒内部没有孔隙,本身不能吸水,主要以其不同大小的颗粒集合起来形成粒间孔隙蓄存水分和空气。沙的成分以不含石灰质的为宜,最好是石英砂。海沙含有盐分,使用前应用清水冲洗。一般用粒径为 0.75～1.5 毫米的沙作基质。沙作基质,需消毒处理,把沙放入 40%甲醛 50～100 倍液中浸泡 16～24 小时,再用清水洗净药液。

(6)岩棉　是一种保温隔热材料,每立方米重 70 千克,通气性好,保水性好,pH 值为 7～8。使用前要用稀磷酸浸泡。

(五)黄瓜无土栽培技术要点

1. 选择适宜的品种和栽培方式　一般选择商品质量高、对肥料不敏感、植株生长势强、侧枝结瓜的水果型品种,如荷兰、以色列的品种及北京迷你 4 号、中农 19 号等品种。可根据当地条件和技术,就地取材。可选基质栽培中的沙培、草炭培、蛭石培等或采用 NFT 营养膜栽培方式。

2. 育苗　应进行无土育苗,可用草炭、蛭石、炭化稻壳或岩棉作基质。播前进行严格的种子消毒,苗期注意防治病虫害,做到定植苗绝对无病。

3. 栽植　幼苗具 2～3 片叶时可栽植到栽培床中。无土栽培生长周期长,单株生长量大,株行距应适当加大,每平方米栽培2～2.5株为宜。

4. 营养液管理 营养液在使用前应进行高温或紫外线照射消毒。每天定期浇灌营养液,定期检测营养液浓度和成分,及时补充营养成分,防止缺肥缺水,在栽培过程中,还要经常检测营养液酸碱度,并及时进行调整。

营养液温度不宜低于15℃,黄瓜最适液温为22℃左右。光照弱时,夜间液温应在14℃以上,白天液温在20℃以上;强日照时,液温应保证22℃左右才能保证植株健壮生长。另外,还应注意营养液中的氧气含量要适宜,如氧气不足,将影响黄瓜生长。

5. 其他管理 在加强营养液管理的基础上,必要时采取人工补光、二氧化碳施肥,并及时进行整枝、打杈和病虫害防治。

第七章 黄瓜无公害配方施肥技术

一、黄瓜配方施肥的概念及意义

蔬菜生产中科学施肥不仅是蔬菜高产的关键措施之一，而且对蔬菜品质和土壤等环境质量也有重要影响。配方施肥也叫平衡施肥，是根据作物的营养特性、土壤供肥特点和肥料的增产效应，在有机肥的基础上提出的适宜肥料用量和配比及其相应的施肥方法。配方施肥是合理供应和调节作物所必需的各种营养元素，使其均衡满足作物营养需要的科学施肥技术，是21世纪科学施肥的发展方向。

二、目前生产上黄瓜施肥存在的问题

长期以来，菜农一直凭经验施肥，缺乏科学指导，习惯于大量施用有机肥和氮肥，较少施用磷肥、钾肥和微量元素肥料。特别是在日光温室、塑料大棚黄瓜生产中，盲目施肥现象普遍存在，致使氮磷钾营养元素失衡，造成资源浪费和土壤严重盐渍化。据有关单位调查，日光温室黄瓜目标产量以15 000千克/667米^{2}计算，最佳施肥用量，氮为60千克，磷为20千克，钾为50千克；生产中有的菜农每667米^{2}平均黄瓜产量为6 900千克，不到目标产量的一半，但却施氮119千克，超出合理施肥量的1倍；施磷164千克，超出8倍多;施钾62千克,超出不多。真正被作物吸收的仅占施肥量10%～30%,其余20%～30%进入大气和水体,40%～70%残留于土壤中造成污染。据北京、济南、南京、上海等城市测定,露地土壤0～20厘米土层的全盐量均小于1克/千克,而大棚土壤为1～3.4克/千克,温室土壤为7.5～9.4克/千克,大棚、温室0～20厘米土层的全盐量比露地高3～9倍,致使黄瓜产品中的硝酸盐、重金属元素严重超标。另外,还普遍存在施肥方法不当。菜农基本采用随水追肥的方法,土壤吸收铵态氮很有限,大量铵离子随水流失,进入地下水,既造成浪费又污染了地下水源。

三、黄瓜营养特性及需肥特点

黄瓜苗期对氮、磷营养十分敏感,但其营养吸收量只占整个生育期所需营养的1/10。进入结果期,营养生长和生殖生长同时进行,必须有充足的养分,才能保证黄瓜生长发育平衡。结果期对钾、磷需肥量增大,结果后期更要加强。黄瓜整个生育期都要有充足的氮素营养,氮肥要分期分次施入,苗期轻,结果期逐渐加大,到后期再减少;钾肥是黄瓜吸收量较多的一种营养元素,施用钾肥的重要性仅次于氮肥,在缺钾的土壤,更要重视钾肥的施用;磷肥一般作基肥,可一次性施入。黄瓜对氮、磷、钾三大营养元素施用比例为1∶0.6∶1.3。黄瓜对缺硼不敏感,对缺锰、缺铜敏感。因此,施用多元复合肥有良好的增产作用。

四、配方施肥原则

配方施肥原则是以有机肥料与化学肥料配合施用为前提,做到“两个养分平衡”。两个养分平衡即氮、磷、钾养分之间的平衡供应，大量营养元素与微量元素的平衡供应。在作物产量提高进程中，首先是氮、磷大量元素肥料增产效果明显，但随着作物产量的进一步提高，土壤养分的变化，某种微量元素也可能成为新的增产最小养分。因此，施用微量元素肥料也是作物增产的必要技术措施。要做到蔬菜施肥两个养分平衡，一方面要了解黄瓜的营养特性，另一方面要密切关注土壤养分的状况与变化。只有把这两方面结合起来考虑，才能制订出正确的施肥方案。

五、施肥量计算方法

施肥量的确定，要考虑蔬菜的种类与品种，产量水平，土壤肥力状况，肥料种类，施肥时期及气候条件等因素。确定施肥量常用的方法，一种是联合国粮农组织推荐的目标产量法，又称养分平衡法；另一种是经验法。

（一）目标产量法

1. 计算方法 其计算公式如下：

$$F=\frac{(Y\times C)-S}{N\times E}$$

式中 F为施肥量（千克/公顷），Y为目标产量（千克/公顷），C为单位产量养分吸收量（千克），S为土壤供应养分量（千克/公顷）[S＝等于土壤养分测定值×2.25（换算系数）×土壤养分利用系数]，N为所施肥料中的养分含量（%），E为肥料当季利用率（%）。

注：此法来源于张真和等《无公害蔬菜生产技术》

五、施肥量计算方法

(1)目标产量　以当地前 3 年平均产量为基础,再加 10%～15%的增产量。

(2)单位产量养分吸收量　是指蔬菜形成每一单位经济产量从土壤中吸收的养分量。如每形成 1 000 千克黄瓜,从土壤中吸收的养分氮(N)为 2.7～4.1 千克,磷(P_2O_5)为 0.8～1.1 千克,钾(K_2O)为 3.5～5.5 千克。

(3)土壤养分测定值　有关菜园土壤有效养分的测定方法及其丰缺状况分级的一般性参考指标如表 7-1 所示。

表 7-1　菜园土壤有效养分丰缺状况的分级指标　(参考)

碱解氮(N)		有效磷(P)		速效钾(K)	
毫克/千克	丰缺状况	毫克/千克	丰缺状况	毫克/千克	丰缺状况
<100	严重缺乏	<30	严重缺乏	<80	严重缺乏
100～200	缺　乏	30～66	缺　乏	80～160	缺　乏
200～300	适　宜	60～90	适　宜	160～240	适　宜
>300	偏　高	>90	偏　高	>240	偏　高

交换性钙		交换性镁		有效磷		氮	
毫克/千克	丰缺情况	毫克/千克	丰缺情况	毫克/千克	丰缺状况	毫克/千克	作物反应
<400	严重缺乏	<60	严重缺乏	<40	严重缺乏	<100	一般无抑制作用
400～800	缺乏	60～100	缺乏	40～80	缺乏	100～200	有抑制作用
800～1200	适宜	120～180	适宜	80～120	适宜	>200	呈现过量症状
>1200	偏高	>180	可能偏高	>120	偏高		

(4)换算系数　2.25 是将土壤养分测定单位毫克/千克换算成千克/公顷的换算系数。

(5)土壤养分利用系数　为了使土壤定值(相对量)更具有实用价值(千克/公顷),应乘以土壤养分利用系数进行调整。黄瓜不同肥力菜地的土壤养分利用系数见表 7-2。

表 7-2 黄瓜不同肥力菜地的土壤养分利用系数

土壤养分	不同肥力土壤的养分利用系数		
	低肥力	中肥力	高肥力
碱解氮	0.44	0.35	0.30
速效磷	0.68	0.23	0.18
速效钾	0.41	0.32	0.14

注:资料来源于张真和等《无公害蔬菜生产技术》。

(6)土壤中养分含量测定 一般化肥中氮肥和钾肥成分稳定。不必另行测定。磷肥,尤其是小磷肥厂生产的磷肥成分往往变化较大,必须进行测定。

(7)肥料当季利用率 肥料利用率一般变幅较大,受作物种类,土壤肥力水平,施肥量、养分配比,气候条件及栽培管理水平等影响。目前化学肥料的平均利用率,氮肥按 35%、磷肥按 10%~25%,钾肥按 40%~50%计算。

2. 目标产量法计算施肥量示例 某块菜地为中等肥力土壤,早春测得土壤速效养分含量为碱解氮(N)为 75 毫克/千克,速效磷(P)为 35 毫克/千克,速效钾(K)为 100 毫克/千克。计算种植春茬黄瓜目标产量为 60 000 千克/公顷。按下列步骤计算施肥量。

第一,计算 1 公顷产 60 000 千克黄瓜需要养分量。经查有关资料每形成 1 000 千克黄瓜商品菜的养分吸收量为氮(N)3 千克、磷(P_2O_5)1.05 千克,钾(K_2O)4 千克。因此,1 公顷产 60 000 千克黄瓜的养分需要量为:

需氮(N)量:3×60=180 千克/公顷

需磷(P_2O_5)量:1.05×60=63 千克/公顷

需钾(K_2O)量:4×60=240 千克/公顷

第二，计算土壤供应养分量。为了便于计算施肥量，应先将土壤养分测定值乘以换算系数使磷(P)转变为五氧化二磷(P_2O_5)，钾(K)转变为氧化钾(K_2O)。

土壤碱解氮(N)数值不变

土壤速效磷(P)35×2.29=80 毫克/千克(P_2O_5)

土壤速效钾(K)100×1.2=120 毫克/千克(K_2O)

根据土壤养分测定值判断土壤养分的丰缺状况(表 7-1)，选择相应的土壤养分利用系数(表 7-2)，按土壤供应养分量=土壤养分测定值×2.25(换算系数)×土壤养分利用系数，计算土壤供应养分量：

土壤供氮(N)量：土壤碱解氮 75 毫克/千克×2.25×0.35=59.1 千克/公顷

土壤供磷(P_2O_5)量：土壤速效磷 80 毫克/千克×2.25×0.23=41.4 千克/公顷

土壤供钾(K_2O)量：土壤速效钾 120 毫克/千克×2.25×0.32=86.4 千克/公顷

第三，计算应施养分量。以需要养分量减去土壤养分供应量即得应施养分量：

应施氮(N)量：180－59.1=120.9 千克/公顷

应施磷(P_2O_5)量：63－41.4=21.6 千克/公顷

应施钾(K_2O)量：240－86.4=153.6 千克/公顷

第四，计算化肥用量。按尿素含氮(N)46%，当季利用率为35%计算，则：

$$应施尿素量=\frac{120.9}{0.46\times 0.35}=750.93\ 千克/公顷$$

以上是化肥施用量，基本上符合黄瓜的养分推荐量，但在实施中必须坚持化肥与有机肥配合施用的原则进行施肥，因此化肥施用量应适当减少。该方法优点是概念清楚，计算方便，便于推广。

但是必须确定必要的参数和土壤养分利用系数，才能得到满意的结果。

(二)经 验 法

一般菜农可参考有关专家与有经验的菜农一起总结的经验法实施配方施肥。黄瓜推荐施肥标准见表7-3。

表7-3 黄瓜推荐施肥量 (千克/667米^2)

栽培方式	目标产量	氮(N)	磷(P_2O_5)	钾(K_2O)
露 地	5000	30	10	41
日光温室	15000	60	20	50

1. 基肥参考施肥量 基肥应以有机肥为主，配施适量化肥。氮素肥料，多用铵态氮。其中70%作基肥，30%作追肥，磷肥应全部作基肥，基肥中钾肥不宜太多。山东省日光温室根据不同土壤肥力水平推荐基肥施肥量，见表7-4。

表7-4 山东省日光温室基肥参考施肥量 (千克/667米^2)

温室土壤肥力水平	定植前基肥(有机肥米^3)	尿 素	磷酸二铵	氯化钾	硫酸锌	硼 砂	三元复合肥
新建日光温室沙壤土	8~10	5~10	150~200	20~30	1~2	0.5	80~100
新建日光温室黏壤土	5~8		70~80	20~30			
3年以上日光温室	5~7		30~50	10~20			

2. 追肥参考施肥量 追肥应根据不同生长时期，适时适当分期追施，以满足黄瓜各生育期的需要。黄瓜追肥的重点时期为开花结果期。山东省日光温室根据不同土壤肥力水平推荐追肥施肥量。见表7-5。

表 7-5　山东省日光温室追肥参考施肥量　（千克/667 米²）

项　目	追肥时间	周/次	每次尿素	每次磷酸二铵	每次氯化钾	或每次三元复合肥+尿素
新建日光温室（沙壤土）	开花结果期	冬季 3～4 春季 1～2	3～5	3～5	2～3	10～15　2～3
新建日光温室（黏壤土）	开花结果期	冬季 4～5 春季 2～3	7～8	5～10	3～5	20～30　3～5
3 年以上日光温室	开花结果期	冬季 4～5 春季 2～3	5～10	2～3	1～2	15～20　3～5

注：资料来源于何启文《山东新型日光温室蔬菜》。

3. 叶面追肥　叶面追肥是把肥料溶液直接喷洒在黄瓜茎叶上的一种常用追肥方法。叶面追肥可使黄瓜通过叶部直接得到有效养分，吸收转化速度快，促进叶绿素的形成增强光合作用，有利于改善品质，提高产量。是一种成本低、见效快、方法简便、易于推广的辅助施肥方法。采用叶面追肥，必须在施足基肥、及时追肥的基础上进行，才能收到理想的效果。黄瓜叶面追肥以氮、磷、钾混合液或多元复合肥为主。一是 0.2％～0.3％磷酸二氢钾溶液，0.5％尿素＋2％过磷酸钙＋0.3％硫酸钾溶液、0.05％稀土微肥溶液等，一般在生长期喷 2～3 次。也可用叶面宝、喷施宝、光合微肥。二是黄瓜结瓜期喷洒 1％葡萄糖或蔗糖溶液，可显著增加黄瓜含糖量。三是喷洒 0.2％尿素＋0.2％磷酸二氢钾＋1％蔗糖组成的“糖氮液”，不仅增加产量，还能增加抗病能力，减轻霜霉病等病害的发生。

六、禁用肥料及有机肥无害化处理

(一)禁用肥料

无公害施肥除禁用硝态氮肥外,还禁止使用城市垃圾、污泥、污水、工业废渣和未经无害化处理的有机肥料。

(二)有机肥无害化处理方法

1. 人粪尿无害化处理 利用贮粪池沤制发酵。加入敌百虫,用量10毫升/米^3,或加入石灰氮,用量为50千克粪肥加入0.5～1千克石灰氮,充分拌匀,贮存1天后可起到杀灭病菌、虫卵的效果。

2. 堆肥无害化处理 利用好气微生物进行高温堆制发酵。堆肥温度最高达50℃～55℃,持续5～7天,蛔虫卵死亡率可达95%～100%,粪大肠菌值0.1^{-1}～0.01^{-2},可有效控制蝇的滋生。

七、施肥注意事项

第一,施用有机肥为基础,确定施用有机肥与化肥的比例。如果施用的有机肥数量多,质量又好,就应在计算施肥量中适当扣除一部分养分量。

第二,根据具体情况调整施肥量。一般增加或减少10%～20%的施肥量。配方施肥确定的施肥量是适合正常栽培管理下的合理施肥量。应考虑到蔬菜生长季节及土壤肥力的差异。例如,黄瓜虽然在正常施肥量下，能正常开花结果，但瓜条生长缓慢，形成的瓜条不鲜嫩，可以适当增肥促长。

第三，密切注意土壤速效养分的变化。调整施肥方案，应定期利用土壤养分分析仪进行土壤测定，密切注意土壤速效养分的变化，以便调整施肥配方。也可以通过总结类比，综合分析，判断不同地块的肥力等级，以便对蔬菜施肥方案不断做出判断和修正。

第四，人粪尿及堆肥等有机肥要充分腐熟。施肥前要进行无害化处理，避免虫卵、病菌污染土壤。

第五，化肥要深施、早施。化肥深施，可以减少氮素挥发，延长供肥时间，提高氮肥利用率；化肥早施，有利于植株早发秧。一般铵态氮肥施入 6 厘米以下土层，尿素施入 10 厘米以下土层。

第六，最后一次施追肥应在收获前 8 天进行。

第八章 黄瓜病虫害无公害防治技术

黄瓜病虫害种类多，尤其是保护地栽培高温、高湿及封闭的小气候环境和常年重茬栽培，为病虫害的滋生繁衍提供了有利条件，使病虫害日趋严重，已成为制约黄瓜生产的主要因素。目前，生产上防治病虫害过分依赖喷施化学农药，超剂量、频繁喷施农药，不仅投资大，效果差，而且容易产生抗药性，使病虫害防治难度增加，还污染了土壤和环境，致使黄瓜农药残留量超标，给人们健康带来危害。因此，推广无公害黄瓜生产，必须大力推行黄瓜病虫害综合防治技术。

一、黄瓜病虫害无公害防治原则

黄瓜无公害病虫害防治，必须贯彻“预防为主，综合防治”的植保工作方针，坚持以“农业防治为基础，优先采用生物防治、物理防治、科学合理使用化学防治”的综合防治技术。

(一)农业防治

农业防治是无公害防治技术的基础，采用合理的农业技术措施，创造有利于黄瓜生长发育，不利于病虫害发生危害的生态环境条件，增强植株本身的抗逆性，减轻病虫危害。

1. 加强植物检疫 根据国家植物检疫法律、法规，严格执行检疫制度，防止带有黄瓜黑星病、美洲斑潜蝇等危险性病虫害的种子、秧苗传入我国。

2. 选用抗病虫品种 选用抗病虫的黄瓜品种，是防治黄瓜病虫害既经济又有效的措施。目前国内已选育出一批抗病虫新品种供生产者选用，详见第四章黄瓜优良品种。

3. 科学选地，合理轮作 选择远离医院、垃圾场、有“三废”污染的工矿企业、城市生活区等地方建立大棚、温室，并选择地势高燥、土壤肥沃、排灌方便的地块种植黄瓜。黄瓜连作是引发和加重病虫害的一个重要原因。实行有计划轮作倒茬，既可改良土壤理化性能，又可减少病虫危害。黄瓜最好与番茄、菜豆等实行 3 年以上轮作，或与葱、蒜类蔬菜间作，可减少病害发生。与水稻、玉米轮作，可明显减轻黄瓜枯萎病和线虫危害。

4. 种子消毒 黄瓜种子可传播多种真菌、细菌和病毒病害。用温汤浸种、干热灭菌、药剂拌种和种衣剂包衣等方法进行种子处理，可杀死多种病害病原菌。温汤浸种可防治黄瓜黑星病、炭疽病、病毒病、蔓枯病、褐纹病、菌核病等。干热灭菌可防治细菌性角斑病、病毒病等。药剂处理可直接杀灭种子表面的病原菌，减轻病害发生。

5. 培育无病壮苗 选用无病新土或粮田土育苗，苗床与生产棚室分开，消除前茬作物病残体，采用营养钵、营养盘或工厂化基质育苗。苗期管理要防寒保温，空气相对湿度控制在 60% 以下，创造不适合病虫害发生的条件，提高植株抗逆能力，避免苗期病害发生。

6. 深耕晒垡或换土 深耕可将土表的蔬菜病残体、落叶埋至土壤深层，使其腐烂，并将地下的害虫、病原菌翻到地表，用天敌啄食或严寒冻死，从而降低病虫基数。同时，还可使土壤疏松，有利于蔬菜根系发育，提高植株抗逆性。对轮作有困难的大棚和日光温室，可用新土换老土的办法控制枯萎病等土传病害的发生。用大田肥沃表土替换重茬地表面的耕作层土壤。

7. 嫁接育苗 用黑籽南瓜作砧木进行嫁接是防治黄瓜枯萎

病的有效措施，同时可增强黄瓜耐低温能力，延长结瓜期，提高产量。

8. 科学施肥和浇水 科学施肥应以有机肥为主，适施化肥，增施磷、钾肥及各种微肥。施足基肥，勤施追肥和叶面肥。禁施未腐熟的有机肥。浇水采用膜下软管、滴灌或膜下暗浇，切忌大水漫灌，浇水后及时封闭膜口，既降低室内湿度，又能提高土壤温度。苗期、连阴雨天及低温时尽量控制浇水量。

9. 加强田间管理 采用小高垄地膜覆盖，膜下暗浇、滴灌措施。及时绑蔓，中耕除草，拔除病株，摘除病叶、黄叶，有利于通风透光，防止病虫害发生。

(二)生物防治

生物防治可以取代部分农药，减少农药使用量，不污染蔬菜和环境。是重要的无公害防治方法。

1. 保护利用天敌 利用寄生性天敌丽蚜小蜂，防治温室白粉虱；利用多种捕食性天敌，如瓢虫、草蛉防治蚜虫、叶螨、红蜘蛛及温室白粉虱。

2. 施用昆虫生长调节剂和特异性农药 这类农药不能直接杀死害虫，而是干扰害虫的生长发育和新陈代谢，使其缓慢而死。这类农药对人、畜毒性很低、对天敌影响小。已大量推广应用的有除虫脲、氟啶脲、虫酰肼、溴虫腈等。

3. 施用细菌、病毒、抗生素等生物药剂 这些生物药剂对人、畜安全，但药效较慢。用阿维菌素防治螨类、美洲斑潜蝇；用硫酸链霉素、链霉素·土(新植霉素)防治细菌性角斑病；用嘧啶核苷类抗菌素和多抗霉素防治白粉病、霜霉病等多种病害；用2%武夷霉素防治灰霉病和白粉病。

(三)生态防治

1. 棚室温湿度调控 叶面凝结的水珠,加上适宜的温度,将使霜霉病、黑星病迅速蔓延。在上午、下午、前半夜和后半夜进行不同温度、湿度管理,可有效地控制病害发生。具体做法是:上午在室外温度允许的前提下,通风1小时排湿,然后密闭棚室,将温度提高至28℃～32℃,不超过35℃。这样,有利于黄瓜进行光合作用,抑制病菌发生;中午、下午通风,温度降至20℃～25℃,空气相对湿度为65%～70%,叶片上无水滴,这样可限制病菌的萌发;夜间不通风,空气相对湿度升至80%以上,温度降至11℃～12℃,限制了病菌的萌发。

2. 叶面微生态调控 侵染黄瓜的大部分真菌均喜酸性,根据这一特点,通过喷施一定的化学药剂,改善寄主表面的微环境,从而达到抑制病原菌的生长和侵染的目的。如白粉病刚发生时,喷小苏打500倍液,每隔3天喷1次,连续喷5～6次,既可防治白粉病,又能分解出二氧化碳,提高产量。

(四)营养防治

试验表明,当黄瓜植株内可溶性氮、糖浓度降低时,霜霉病就容易发生。如果在短期内向黄瓜叶面喷洒尿素溶液和糖溶液,就可提高植株体内的汁液浓度,减轻病害发生。用尿素0.2千克+糖0.5千克+水50升,在生长期间每隔5天喷1次,连续喷4～5次。喷0.2%磷酸二氢钾溶液,也有补充营养元素,增加抗性,达到减少病害的目的。

(五)物理防治

采用物理防治,可减少农药用量,不污染环境和蔬菜,也是无公害蔬菜综合防治中一项重要措施。

1. 色板、色膜诱杀 利用蚜虫、白粉虱、美洲斑潜蝇对黄色强烈的趋性，在棚室中每隔 10 米左右，挂 1 块黄色捕虫板，可有效控制害虫的为害，减轻病毒病。

2. 棚室日光高温消毒 在夏季高温季节，每 667 米^2 用 600～1 300 千克稻草或麦秸，铡成 4～6 厘米长，撒在地面上，再均匀撒施石灰 100～200 千克，翻地、铺膜、浇水然后密闭大棚、温室 15～20 天，地表土壤温度达到 70℃以上，10 厘米地温达 60℃，可有效杀死枯萎病菌和线虫等土传病害，并有利于土壤中硝酸盐、亚硝酸盐等有害物质沉积。

3. 高温闷棚 采取高温闷棚方法可有效控制黄瓜霜霉病。3 月下旬以后，选晴天在早晨先浇 1 遍水，提高空气湿度，以防植株龙头被灼伤。中午继续封闭棚室，使棚室温度达到 45℃左右，并连续保持 2 小时左右，利用高温杀死病菌。然后打开天窗慢慢降温，使植株恢复正常生长。高温闷棚后要加强管理，进行叶面追肥，加快恢复正常生长。视病害程度，实施高温闷棚 1～3 次，每次间隔 7～10 天。

4. 种子消毒 利用温汤浸种(45℃温水浸种 15～20 分钟)或高温干热(干燥种子在 70℃温箱灭菌 72 小时)处理种子，可防治黄瓜细菌性角斑病等多种病害。

5. 增强光照 利用增强保护地光照度，可抑制灰霉病、黑星病的发展。

6. 喷高脂膜 在植株叶面上喷高脂膜，形成一层很薄的分子膜，可造成缺氧的环境条件，使白粉病菌死亡。

7. 扣紫外线阻断膜 在温室或大棚内扣紫外线阻断膜，可减轻菌核病、灰霉病、早疫病的发生。

8. 覆盖遮阳网 夏天覆盖遮阳网，可降低光照强度和温度，对病毒病有良好的防治作用。

9. 应用大棚蔬菜病虫害防治仪 该仪器采用国际上最先进的陶瓷沿面发生装置，以空气为原料，通过高压、高频产生高浓度臭氧。臭氧是一种强氧化制，对各种昆虫、细菌及病毒具有极强的杀灭效果，同时对农药和有机毒物还有很强的降解作用。大棚蔬菜病虫害防治仪可防治大棚黄瓜霜霉病、灰霉病、疫病、白粉病和角斑病，杀死蚜虫、白粉虱、美洲斑潜蝇等害虫。由于臭氧杀虫具有无污染、无残留、无死角的特点，臭氧在农业生产中将发挥越来越重要的作用。

(六)化学防治

化学防治是目前防治病虫害最好的应急措施。因见效快，防治效果明显，易被菜农接受。但目前生产上过量使用农药的副作用也十分明显，农药残留超标，污染环境，影响人们身体健康，严重影响了无公害蔬菜产业的健康发展。黄瓜无公害生产，并非不使用农药，关键是科学、合理选用农药及正确的使用方法。一要严格执行《农药管理条例》和《农药安全、合理使用准则》，严禁使用高毒、高残留，具有致癌、致畸、致突变作用以及影响蔬菜品质和质量的农药及其混配产品。二要认真参照国家、省各级政府制定的《无公害蔬菜生产技术规程》，做到农药的科学使用。根据危害症状用药，选择最合适的农药品种。三要讲究施药技术，改进施药方法。

二、农药使用原则、标准及禁用、限用农药

(一)国家严禁在黄瓜上使用的高毒、高残留农药和限用农药

禁用农药 18 种：六六六、滴滴涕、毒杀芬、二溴氯丙烷、杀虫

脒、二溴乙烷、除草醚、艾氏剂、狄氏剂、汞制剂、砷、铅类、敌枯双、氟乙酰胺、甘氟、毒鼠强、氟乙酸钠、毒鼠硅。

限用农药20种：甲胺磷、甲基对硫磷、对硫磷(1605)、久效磷、磷胺、甲拌磷(3911)、甲基异柳磷、特丁硫磷、甲基硫环磷、治螟磷、内吸磷(1059)、克百威、涕灭威、杀线磷、硫环磷、蝇毒磷、地虫硫磷、氯唑磷、苯线磷、氧化乐果。

(二)农药使用原则

所有使用的农药都必须经过农业部检验所登记。严禁使用未取得登记和没有生产许可证的农药，以及无厂名、无药名、无说明书的伪劣农药。

国家对所有农药都规定了每种作物、每667米^{2}每次常用量、最高限用量、最多使用次数，使用方法及安全间隔期(最后1次使用距收获前的天数)。在病虫害防治中应严格执行这个规定，不得任意提高药量或浓度、增加施用次数及缩短安全间隔期，选用高效、低毒、低残留农药，避免滥用农药，是实现无公害黄瓜生产的关键。必须高度重视，严格执行。

(三)农药使用标准

国家允许在黄瓜上使用的部分高效、低毒、低残留农药合理使用标准见表7-1。

二、农药使用原则、标准及禁用、限用农药

表 8-1 部分农药合理使用的国家标准

防治对象	农药名称	剂型	最高限量（毫克/667 米^2）	使用次数	安全间隔期（天）	最高残留量（毫克/千克）
蚜虫	溴氰菊酯	2.5%乳油	40	3	3	0.2
蚜虫	氯氰菊酯	10%乳油	30	3	2～5	1
蚜虫	氰戊菊酯	20%乳油	40	3	5	1
蚜虫	高效氯氰菊酯	10%乳油	190	3	7	1
蚜虫	甲氰菊酯	20%乳油	20	3	3	0.5
红蜘蛛	高效氯氟氰菊酯	2.5%乳油	10	3	7	0.2
	S氰戊菊酯	5%乳油	20	3	3	2
蚜虫	抗蚜威	40%可湿性粉剂	30	3	6	1
霜霉病、白粉病	百菌清	75%可湿性粉剂	270	3	7	5
	噁霜·锰锌	64%可湿性粉剂	130	3	3	5
灰霉病	甲霜·锰锌	58%可湿性粉剂	120	3	1	0.5
霜霉病	甲霜灵	25%可湿性粉剂		3	1	0.5
角斑病	琥胶肥酸铜	30%胶悬剂	300	4	3	5
白粉虱	噻嗪酮	10%乳油		3	11	0.3
白粉病、炭疽病、灰霉病	多菌灵	25%可湿性粉剂		4	15[b]	0.5
霜霉病、白粉病	代森锌	65%可湿性粉剂		4	15[b]	7

注：b 为浙江省标准，其余为国家标准。

此外，防治黄瓜病虫害还可以选用下列高效、低毒、低残留农药（表 7-2）。

表 8-2 主要农药使用方法

防治对象	农药名称	剂型	浓度(倍液)	间隔天数	使用次数
霜霉病	80%或 90% 三乙膦酸铝	可湿性粉剂	500～600	6	3～4
	70%三乙膦酸铝	可湿性粉剂	400	6	3～4
	72%霜脲·锰锌	可湿性粉剂	600～800	6	3～4
	72.2%霜霉威	水剂	600～800	6	2～3
白粉病	45%硫磺胶	悬浮剂	300～400	7	2～3
	20%三唑酮	可湿性粉剂	1000～1500	7	2～3
	40%氟硅唑	乳油	8000～10000	7	2
	70%甲基硫菌灵	可湿性粉剂	800～1000	6	2～3
	5%春雷·王铜	粉尘剂	1 千克/667 米^2	7	3～4
炭疽病	50%福·福锌	可湿性粉剂	500～700	7	2～3
	50%灭霉灵	可湿性粉剂	600～800	7	3～4
	50%多菌灵	可湿性粉剂	500～700	7	2～3
	45%百菌清	烟剂	250～300 克/667 米^2		
	8%炭疽粉	粉尘剂	1 千克/667 米^2		
细菌性角斑病	30%琥胶肥酸铜	可湿性粉剂	400～500	6～7	2～3
	40%斑枯宁	可湿性粉剂	500	6～7	2～3
	50%甲霜·铜	可湿性粉剂	500	6～7	2～3
	77%氢氧化铜	可湿性粉剂	500～600	6～7	2～3
	10%松脂酸铜	粉尘剂	1 千克/667 米^2		
霜霉＋角斑病	58%甲霜灵	可湿性粉剂	500	6～7	3～4

续表 8-2

防治对象	农药名称	剂　型	浓度(倍液)	间隔天数	使用次数
枯萎病	50%多菌灵	可湿性粉剂	500 灌根 200～300 毫升/株	5～10	2～3
	20%甲基立枯磷	乳　油	800～1000 灌根 200～300 毫升/株	5～10	2～3
	50%苯菌灵	可湿性粉剂	1500 灌根 200～300 毫升/株	5～10	2～3
疫　病	72.2%霜霉威	水　剂	600～800	7～10	3～4
	72%霜脲·锰锌	可湿性粉剂	700	7～10	3～4
	64%噁霜·锰锌	可湿性粉剂	400～500	6～7	3
蔓枯病	70%甲基硫菌灵	可湿性粉剂	600～800	5～6	2～3
	65%甲霜灵	可湿性粉剂	600～800	5～6	2～3
	40%氟硅唑	乳　油	8000～10000	5～6	2～3
	45%百菌清	烟　剂	250 克/667 米^2	7	4～5
根腐病	50%甲基硫菌灵	可湿性粉剂	500	7～10	2～3
	50%多菌灵	可湿性粉剂	500	7～10	2～3
	70%代森锰锌	可湿性粉剂	500	7～8	2～3
	64%噁霜·锰锌	可湿性粉剂	400～500	6～7	3

续表 8-2

防治对象	农药名称	剂型	浓度(倍液)	间隔天数	使用次数
灰霉病	40%百扑(百菌清+异菌脲)	烟剂	250～350 克/667 米^2	7	2～3
	40%百速(百菌清+腐霉利)	烟剂	250～350 克/667 米^2	7	2～3
	15%扑霉灵	烟剂	250～350 克/667 米^2	7	2～3
菌核病	50%异菌脲	可湿性粉剂	1000	7	3～4
	50%腐霉利	可湿性粉剂	1500	7	3～4
	40%菌核净	可湿性粉剂	1000～1200	7	3～4
	50%甲霜灵+70%敌磺钠	可湿性粉剂(1∶1)	600	7	4～5
猝倒病	25%甲霜灵	可湿性粉剂	拌种 4～5 克/米^2		
	25%甲霜灵	可湿性粉剂	600～800	7～8	2～3
	80%三乙膦酸铝	可湿性粉剂	400	7～8	2～3
立枯病	40%拌种双	粉剂	拌种		
	20%甲基立枯磷	乳油	1200	7～8	2～3
	30%甲基硫菌灵	悬浮剂	600	7～8	2～3
	5%福美双	可湿性粉剂	1000	7～8	2～3
蚜虫	10%杀瓜蚜	烟剂	400 克/667 米^2	7～8	2～3
	2.5%高效氯氟氰菊酯	乳油	3000	7～10	2
	10%吡虫啉	可湿性粉剂	2500	7～10	2

续表 8-2

防治对象	农药名称	剂 型	浓度(倍液)	间隔天数	使用次数
白粉虱	10%吡虫啉	可湿性粉剂	3000	7～10	2
	25%噻嗪酮	可湿性粉剂	1000～2000	7～10	1～2
	25%噻嗪酮+2.5%联苯菊酯	混 用	1000	7～10	1～2
	25%噻嗪酮+溴氰菊酯	混 用	1000	7～10	1～2
	蚜虱一熏净	烟 剂	300～400 克/667 米^2	7～8	2～3
美洲斑潜蝇	1.8%阿维菌素	乳 油	2000～3000	4～5	4～5
	48%毒死蜱	乳 油	1000	4～5	4～5
	10%氯氰菊酯	乳 油	2000～3000	4～5	4～5

(四)农药使用方法及注意事项

1. 正确认识病虫害和农药 首先,要正确认识病虫害种类,然后才能选择相应的农药,避免用错农药,达不到防治目的,反而增加了成本,增加了污染,造成不必要的损失。

2. 严格掌握农药使用量和使用方法 任何一种农药都有最适宜的使用量。多了不仅浪费,还会引起药害,少了不起作用。要严格按农药说明书上规定的使用浓度、使用次数、适宜的施药时期打药。农药的使用方法往往与农药剂型有关,根据不同剂型使用农药,如可湿性粉剂只宜加水喷雾,不能直接喷粉;颗粒剂只能用于处理土壤,不能加水配成药液喷雾。

3. 掌握病虫害发生规律,适时、对症用药 病虫害未发生时使用保护性药剂预防,发病初期及时施药,做到“治早、治小、治了”。黄瓜灰霉病病菌主要侵染花瓣，其次是柱头和小果实。因此，防治灰霉病要提前到花期喷药。重点喷花瓣及幼瓜。对霜霉病、白粉病、病毒病等，叶子正、反面都要喷药。茶黄螨主要危害幼嫩叶，喷药时将幼嫩叶作为喷药重点，就可收到理想效果。

4. 严格掌握喷药间隔天数，看天、看苗用药　一般防治病害，隔 6～7 天喷药 1 次、防治虫害 10～15 天喷 1 次。喷药时间一般选晴天、无风的天气进行。气温高时浓度要适当降低。对小苗尤其是幼苗，喷药液量应减少。

5. 不能盲目混合使用农药　菜农往往考虑为防治多种病虫害，常把几种农药混在一起使用，结果有时会产生药害。将两种农药混配使用时，要注意同类性质的农药才能混用。农药在水中的酸碱度不同，分成酸性、中性和碱性 3 类，一般中性农药与酸性农药能混配。但是，在碱性条件下，易分解的有机磷杀虫剂以及代锌铵不能与石硫合剂、波尔多液混用。

6. 交替使用农药　防治一种病虫害，不能多次使用一种农药，应变换另一种农药，以免产生抗药性，减低农药使用效果。

7. 施用过除草剂的喷雾器，绝不能用来喷施黄瓜　因除草剂对双子叶植物黄瓜有严重的伤害，使黄瓜生长点受害而成秃顶，严重时植株变矮，甚至枯死。

8. 喷药人员要注意安全　喷药人员喷药前应戴口罩、塑料手套，或戴风镜保护眼睛。严禁用手拌药。若出现恶心、头晕，应立即停止喷药。如果中毒，应立即到医院治疗。

三、黄瓜主要病害防治

(一)侵染性病害

1. 猝倒病 猝倒病是黄瓜苗期主要病害之一。俗称绵腐病、卡脖子病。

(1)危害症状 种子尚未发芽或刚发芽出土前,就受到病菌侵染,造成烂种、烂芽。多数在幼苗具1～2片真叶时发病,在发病时茎基部有水浸状黄绿色病斑,很快病部凹陷成黄褐色,干枯缢缩为线状倒地枯死。湿度大时,病部长出白色棉絮状菌体。结瓜期遇低温、弱光,湿度大时,瓜条易感病而造成烂果。

(2)防治方法

①使用无菌土育苗 育苗时要严格选用营养土,使用无菌新土、塘土、稻田土;对带菌的土壤,要进行消毒。消毒方法:一是每平方米苗床施用25%甲霜灵可湿性粉剂9克+70%代森锰锌可湿性粉剂1克+细土4～5千克拌匀,或用50%多菌灵可湿性粉剂+50%福美双可湿性粉剂按1∶1混合,每平方米苗床用药8～10克,加细土10～15千克拌匀配成药土。施药前先将苗床底水浇好,水渗下后,取2/3药土撒在畦面,播种后再把1/3药土覆盖在种子上面。二是播种前15～20天,将床土翻松整平,每平方米用40%甲醛50毫升,加水2～4升,均匀喷浇于床土上,然后用薄膜或麻袋覆盖4～5天,再揭去覆盖物,翻动床土2～3次,10～15天后即可播种。

②种子处理 用50℃～55℃温水浸种10～15分钟。也可用50%福美双可湿性粉剂或50%多菌灵可湿性粉剂或40%拌种双

可湿性粉剂拌种，用药量为种子重量的 0.3%～0.4%。

③加强苗床管理　播种前浇足底水，出苗后尽量不浇水，必要时应选择晴天喷浇，不能大水漫灌。播种密度不宜过大，注意间苗或分苗。如果苗床湿度较大，可通风除湿，也可撒细干土或草木灰降低湿度。苗床内白天温度控制在 20℃～30℃、夜间 15℃～17℃。

④药剂防治　发病初期用 25%甲霜灵可湿性粉剂 600～800 倍液，或 80%三乙膦酸铝可湿性粉剂 400 倍液，或 72.2%霜霉威水剂 400 倍液，或 75%百菌清可湿性粉剂 600 倍液，或 80%代森锰锌可湿性粉剂 600～800 倍液喷施。对成片死苗的地方，可用 55%甲霜灵可湿性粉剂 350 倍液灌根，每隔 6～7 天灌 1 次，连续灌 2～3 次。

2. 立枯病　立枯病又称烂根、死苗病。也是苗期主要病害之一。

(1)危害症状　该病多发生在幼苗中期或中后期，主要危害幼苗茎基部和地下根部。发病初期茎基部出现暗褐色近圆形或不规则形病斑，病部向里凹陷，扩展后绕茎一周，致茎部萎缩干枯，地上部叶片变黄，幼苗死亡，但不倒伏。潮湿时病斑灰褐色。根部多在近地表根颈处表层变褐色或腐烂。苗床发病初期仅个别幼苗白天萎蔫，夜间恢复，经数日反复后病株萎蔫枯死。早期与猝倒病相似，但后期该病不猝倒，且基部有褐色霉菌。这两点有别于猝倒病。

(2)防治方法　①药剂拌种。每 1 000 克种子用 40%拌种双可湿性粉剂 5 克拌种。②苗床土壤消毒。用 40%拌种双可湿性粉剂或 50%多菌灵可湿性粉剂或 40%根腐灵可湿性粉剂进行土壤消毒，具体方法同猝倒病。③加强苗床通风排湿，防止苗床温度过高和湿度过大，有利于减轻立枯病的发生和蔓延。④药剂防治。发病初期喷施 20%甲基立枯磷乳油 1 200 倍液，或 30%甲基硫菌灵悬浮剂600倍液，或2%武夷菌素水剂100～150倍液。如果立枯病与猝倒病混合发生时，可用50%福美双可湿性粉剂1 000倍液喷淋，每667米^{2}喷药液2～3千克。每隔7～8天喷1次，连续喷2～3次。

3. 霜霉病 霜霉病是黄瓜生产中普遍发生的主要病害。北方地区俗称"跑马干"、"黑毛病"，南方叫瘟病、痧斑。在适宜发病条件下，中心病株发病后几天内即可蔓延到全田。病斑连成片，叶片干枯，甚至提前拉秧，轻者减产10%～20%，重者减产30%以上，甚至绝收。

(1)危害症状 该病在黄瓜苗期、成株期都能发病，主要危害叶片。苗期子叶发病初期出现退绿点，逐渐呈枯黄色不规则形病斑，湿度大时，子叶背面产生灰黑色霉层，子叶很快变黄干枯。成株期真叶发病，初期叶缘或叶背面出现水浸状斑点，病斑扩大后受叶脉限制，呈多角形黄绿色，后变为淡褐色汇合成斑块，病叶向上卷缩。湿度大时，叶背病斑上有黑色霉层，病叶由下向上发展，严重时，除心叶外全株叶片枯死。抗病品种，病斑小，叶背霉层稀疏。感病品种病斑大，呈规则的多角形，叶背长霉层厚。该病呈多角形黄褐色病斑，不穿孔，叶背有一层黑色或紫黑色霉，易与其他病害区别。

(2)防治方法

①选用抗病品种 选用抗病品种是防治霜霉病最经济有效的措施。各茬口栽培，所需抗病品种详见本书黄瓜新品种介绍。

②种子处理 用50℃温水恒温浸种20分钟，再进行正常浸种，催芽。

③清洁田园 拉秧倒茬时，把残枝病叶，杂草清扫干净，并烧毁，减少病源。

④根外追肥 在黄瓜开花后定期喷施0.2%磷酸二氢钾溶液，每7天喷1次，连续喷2～3次，可有效提高植株长势和抗病能

力。

⑤加强栽培管理 合理密植，增加通风透光条件。温室内黄瓜以高垄、大小行栽培为宜，大行距70厘米，小行距50厘米，株距不小于33厘米；及时摘除病叶、老叶、黄叶，改善通风条件。大水浸浇之前首先进行药剂预防；在行间覆盖厚15厘米左右的麦草，既起到保湿，增加地温的作用，又不利于霜霉病的发生。

⑥调节温、湿度，控制发病条件 在保护地栽培中可通过调节温、湿度来控制病害的发生。例如，早晨棚内湿度大时，可通过通风使棚室内温度控制在28℃～32℃，空气相对湿度控制在60%～70%，这种温、湿度对霜霉病发病不利，而对黄瓜光合作用有利。中午、下午通风，使温度控制在20℃～25℃，空气相对湿度降低到60%，使叶上没有水膜产生，从而控制霜霉病的发生。傍晚，若温度在14℃以上，可继续通风。夜间通风时间视夜温变化而定：夜温13℃以上整夜通风；12℃时通风3小时；11℃时通风2小时，10℃时通风1小时。当室外气温稳定在10℃后，要特别注意控制夜温，可晚闭棚；当棚内气温20℃以下时再闭棚。合理浇水也是控制土壤湿度，抑制霜霉病发病的主要方法。最好在晴天上午浇水，绝不可在阴天或下午浇水。要看天看地看秧确定浇水时间和浇水量，防止浇水过勤过多。在结瓜初期，土壤含水量低于20%，盛瓜期低于25%时应浇水。一般每次每株浇水2 000毫升或2 500毫升，浇水后要立即闭棚升温。棚内气温达32℃时，1小时后再通风排湿。当气温低于25℃时，再闭棚升温至32℃，1小时后再次通风，如此重复可减少当天夜间叶面形成水膜，以减少发病。此外，采用地膜覆盖、膜下滴灌等措施，也可大大降低田间湿度。

⑦高温闷棚，控制病害蔓延 当霜霉病已发展到全棚植株时，可采用高温闷棚来抑制病情发展。选择晴天上午关闭大棚，使棚温升至40℃～45℃，持续2小时后缓慢通风降温。高温闷棚一个

生育期进行 2～3 次，间隔时间 15 天以上，否则易造成植株生长不良。高温闷棚时应注意，棚内温度不得超过 45℃，在植株龙头处挂温度计观察温度，在闭棚前 1 天必须浇水，以防止黄瓜高温脱水。

⑧药剂防治　黄瓜霜霉病药剂防治以预防为主，一般在阴雨天来临之前进行预防。发病前或刚发病时用 2%嘧啶核苷类抗菌素水剂 200 倍液，或 40%百菌清悬浮液 600 倍液，或 80%代森锰锌可湿性粉剂 600～800 倍液，隔 5～6 天喷 1 次，连喷 2～3 次。同时，结合通风，降低湿度，可减少农药施用量。

当棚室内湿度较大时，宜喷撒粉尘剂和用烟剂熏烟。棚内每 667 米^2 每次用 5%百菌清粉尘剂 1 千克喷撒。喷粉必须在早晨或傍晚进行。喷前关闭通风口，喷后 1 小时打开通风口通风，视病情 8～10 天喷 1 次，连喷 3～4 次。烟剂在苗期或发病初期施用，即发现中心病株后立即熏烟防治。每 667 米^2 用 45%百菌清烟剂 200～250 克熏烟。傍晚闭棚前，将烟剂分成 4～5 份，均匀放在棚室中，用暗火点燃，从棚室一头点起，着烟后关闭棚室，熏 1 夜，翌日早晨通风。隔 7 天熏 1 次，一般熏 3～5 次。

防治霜霉病有效果的农药比较多，有 25%甲霜灵可湿性粉剂 500 倍液，或 90%三乙膦酸铝可湿性粉剂 500～600 倍液，或 40%甲霜灵可湿性粉剂 500 倍液，或 58%甲霜·锰锌可湿性粉剂 400 倍液，或 75%百菌清可湿性粉剂 500 倍液。发病较重时，选用 72%霜脲·锰锌可湿性粉剂 600～800 倍液，或 72.2%霜霉威水剂 600～800 倍液，或 69%烯酰·锰锌可湿性粉剂 1 000 倍液等。以上农药要在病害刚发生时立即喷施，隔 6～7 天喷 1 次，连喷 3～4 次。农药要交替使用，喷药时叶的正、反面均要喷到，重点喷病叶的背面，对健康叶也要喷药保护。

4. 白粉病　白粉病是黄瓜常见病害之一。俗称“白毛”。主要在黄瓜生长后期发生，保护地发病比露地发病重。

(1)危害症状 成株和幼苗均可染病。以植株开花结果后更易发病。主要危害叶片、叶柄及茎。发病初期,叶片正、反面产生近圆形的星状小粉斑,以后向四周扩展成边缘不明显的连片大粉斑。严重时,全叶布满白粉。发病后期,白色粉斑上长出黑褐色小点,逐渐变黄枯死。植株发病,先从下部叶开始,逐渐向上发展。抗病品种病斑少,粉层稀疏;感病品种病斑大,粉层厚。

(2)防治方法 ①选用抗病新品种,详见第四章黄瓜新品种介绍。②加强栽培管理。保护地栽培,加强通风,采用地膜覆盖,降湿增温,科学施肥、浇水。③药剂防治。定植后,将棚室密封后用烟剂熏蒸消毒,每667米^{2}用45%百菌清烟剂200～300克,分放4～5个点于傍晚点暗火熏蒸1夜,隔7天熏1次,连熏4～5次。发病初期可选用40%百菌清悬浮剂300～400倍液,或45%硫磺胶悬剂300～400倍液,或15%三唑酮可湿性粉剂1 500倍液,或70%甲基硫菌灵可湿性粉剂800～1 000倍液喷洒。发病较重时,选用40%氟硅唑乳剂8 000～10 000倍液,每隔7天喷1次,连续喷2次。以上农药要交替使用,以防产生抗药性。保护地黄瓜在发病初期,可选用5%春雷·王铜粉尘剂,或用10%百清·多菌灵粉尘剂,每667米^{2}每次用1千克,用喷粉机喷,隔7天喷1次,连喷3～4次,效果良好。

另外,在发病初期,喷1%武夷菌素水剂100～150倍液,或2%嘧啶核苷类抗菌素水剂200倍液,隔7天喷1次,连喷2～3次,防治效果达85%以上。这些生物药剂无毒、无残留,不污染环境和黄瓜。还可喷27%高脂膜乳剂80～100倍液,隔6天喷1次,连喷3～4次。该乳剂是一种分子膜,喷洒在黄瓜叶片上形成一层很薄的分子膜,造成缺氧的环境,致使白粉病菌死亡。日本发明用2%碳酸氢钠500倍液在发病初期喷洒,每3天喷1次,连喷5～6次。其防病原理是碳酸氢钠为碱性物质,白粉病病菌在碱性条件下,容易死亡。碳酸氢钠喷后分解产生二氧化碳,还有提高产量的作用。

5. 炭疽病 炭疽病是南方黄瓜主要病害之一，北方主要在夏、秋露地发生。近年来，北方棚室保护地炭疽病有逐渐加重的趋势。此病在运输过程中，仍继续发展。

(1)危害症状 苗期和成株期均可发病。幼苗期发病子叶边缘出现半圆形或圆形病斑，病斑淡褐色，稍凹陷，重者幼苗近地面茎基部变黄褐色，逐渐缢缩或从半边缩陷，致幼苗折倒。成株期病叶产生退绿色近圆形病斑，初为水浸状，很快干枯呈红褐色，边缘有黄色晕圈，常几个小病斑连成一个不规则形状的大斑，上生许多黑色小点，潮湿时产生粉红色黏状物，干燥时病斑中部开裂，穿孔。茎和叶柄处受害，产生水浸状黄褐色长圆形病斑，略凹陷，有时流胶，严重时从病部折断。瓜条发病时，产生近圆形深绿色凹陷斑，湿度大时产生黄褐色流胶。瓜条在贮藏期间常发生这种流胶现象。

(2)防治方法

①选用抗病新品种 详见第四章黄瓜新品种介绍。

②种子消毒 播种前用55℃温水浸种15分钟或40%甲醛100倍液浸种30分钟后用清水冲净，催芽。

③加强田间管理 与非瓜类作物轮作3年以上，与大田作物玉米等轮作2年，与水稻轮作1年；不能轮作的保护地，应采取高温土壤消毒；进行无病土育苗；加强通风、降低湿度；科学施肥浇水，施充分腐熟的优质有机肥，增施磷、钾肥，以提高植株抗病能力；高垄地膜覆盖栽培，减少发病条件；及时清理病叶、病瓜，减少病源。

④药剂防治 播种前，苗床灌足水后，在苗床畦面上喷洒炭疽灵可湿性粉剂1000倍液，每667米^{2}喷洒1千克，然后播种。发病初期可选用下列药剂交替使用：50%多菌灵可湿性粉剂500～700倍液，或75%百菌清可湿性粉剂700倍液，或50%甲基硫菌

灵可湿性粉剂700倍液，或2%武夷菌素水剂150～200倍液，每隔7天喷1次，连喷3～4次。若棚内湿度大，可采用烟剂或粉尘剂防治。选用45%百菌清烟剂，每667米^{2}用250～300克，分放4～5个点，燃后闭棚熏烟5～6小时，隔10天左右熏1次，连熏4～5次。也可在傍晚喷撒(必须用喷粉器或喷雾喷粉器)6.5%甲霉灵微粉尘剂，或8%炭疽粉尘剂，每667米^{2}用1千克，连续交替使用。也可每667米^{2}喷1千克5%灭霉灵粉剂，隔7天喷1次，连喷4～5次。

6. 枯萎病 枯萎病又称萎蔫病、蔓割病。是保护地黄瓜重要的土传病害。全国各地均有发生，一般发病率10%～30%，严重地块达50%～80%。

(1)危害症状 黄瓜从幼苗到成株均可染病。幼苗初期发病，茎部变为黄褐色，子叶表现萎蔫状。成株一般从根瓜采收后发病，初期病株一侧叶片或叶片的一部分黄化，继而在茎部一侧出现退绿色水浸状条斑，严重时中午萎蔫，早、晚恢复，经数天后萎蔫死亡。湿度大时，病部有粉色霉层，维管束变褐色，发病后期病菌可侵入种子，使种子带菌。

(2)防治方法

①嫁接育苗 采用嫁接是防治黄瓜枯萎病有效的方法。用云南黑籽南瓜、南砧1号、瓜砧1号作砧木，用优良黄瓜品种作接穗进行嫁接。具体嫁接方法见第五章黄瓜嫁接育苗。

②选用抗病新品种 详见第四章优良新品种。

③土壤消毒 利用夏季高温季节，每667米^{2}用1000千克稻草，切成4～6厘米长，均匀撒在地面上，再均匀撒100千克石灰，然后深翻土地25厘米以上，浇足水，盖上地膜，然后密闭大棚或温室15～20天，当地表温度达到60℃～70℃时，能有效杀死枯萎病菌和线虫。

④种子消毒 用55℃的温水浸种10～15分钟后催芽，或用

50%多菌灵可湿性粉剂 500 倍液浸种 1 小时用清水冲洗后催芽，或将干种子放在 70℃温箱内处理 72 小时或将种子浸后捞出，用干种子重量 0.2%～0.3%的 10%甲基硫菌灵可湿性粉剂或 50%多菌灵粉剂拌种，然后播种。

⑤苗床消毒　每平方米用 50%多菌灵可湿性粉剂 8 克，加干细土 10～15 千克，拌匀后将 2/3 施入苗床中，1/3 播种后作盖土用。

⑥轮作　与非瓜类作物轮作 3～5 年或与大田作物玉米轮作 2～3 年或与水稻轮作 1 年。防治枯萎病效果很好。

⑦加强栽培管理　选地势高燥地块栽培，尽量利用高畦或半高畦栽培。施用充分腐熟的有机肥，适度浇水，做到小水勤浇，避免大水漫灌，雨季及时排水。适当多中耕，提高土壤透气性，使根系发达，增强抗病力。结瓜期应分期施肥，切忌用未腐熟的人粪尿追肥。及时拔除病株，病株集中烧毁或拿到菜田外深埋。此外，适时喷施增产灵或植宝素促进植株生长，也可减轻发病。

⑧药剂防治　发病初期用 50%多菌灵可湿性粉剂 500 倍液，或 70%甲基硫菌灵可湿性粉剂 800 倍液喷雾。也可在病穴及邻近植株淋灌 50%苯菌灵可湿性粉剂 500～1 000 倍液，或 70%敌磺钠可湿性粉剂 1 000～1 500 倍液，或 20%甲基立枯磷乳油 900～1 000 倍液。每株浇灌配好的药液 0.5 千克，每隔 10 天左右 1 次，连用 2～3 次。同时用 0.2%磷酸二氢钾溶液喷雾，效果更好。

7. 疫病　疫病也是一种土传病害，北方俗称秃头、死秧、卡脖子病。常危害秋黄瓜。该病发病快，流行年份能造成大面积死秧，甚至绝产。此病经常与枯萎病混合发生。

(1)危害症状　幼苗及成株均可发病，侵染叶片、茎、果实。幼苗染病多始于嫩叶，初呈暗绿色水浸状萎蔫，病部缢缩，逐渐干枯呈秃尖状，不倒伏。成株染病主要在茎基部，出现暗绿色水浸状病斑，后缢缩致萎蔫枯死，但维管束不变褐。叶片染病呈水浸状病斑，扩展到叶柄时叶片下垂。瓜条染病，形成水浸状暗绿色病斑，略凹陷，湿度大时，病斑部位产生灰白色菌丝，瓜软腐，有腥臭味。

(2)防治方法

①选用抗病新品种　详见第四章黄瓜新品种。

②种子消毒　用72%霜疫清可湿性粉剂800倍液，或64%噁霜·锰锌可湿性粉剂500倍液，浸种30分钟，用清水反复冲洗干净，再浸清水3小时，然后催芽播种，或用种子重量0.3%的25%甲霜灵可湿性粉剂拌种。

③土壤消毒　定植前用25%甲霜灵可湿性粉剂600倍液，或80%三乙膦酸铝可湿性粉剂400倍液喷淋土壤。每平方米苗床用25%甲霜灵可湿性粉剂8克与细土拌匀撒在苗床上。

④轮作　与非瓜类作物实行5年以上轮作。

⑤嫁接　用云南黑籽南瓜或南砧1号作砧木与黄瓜嫁接，可防疫病及枯萎病。

⑥加强栽培管理　选择地势高燥，排灌方便的地块，秋、冬深翻，施足优质充分腐熟的有机肥作基肥。实行高垄栽培，垄面覆盖地膜或麦草，采用膜下暗灌，防止雨水、灌溉水反溅。生长期增施有机肥，补充磷、钾肥。适当浇水，雨季及时排水，注意通风透光，降低田间湿度，促进植株健壮生长。苗期控制浇水，结瓜后田间保持见湿见干，发现疫病后，浇水减到最低量，控制病害扩展，但进入结果盛期要及时供给所需水量，严禁雨前浇水。发现中心病株及时拔除并进行灌药预防，收获后及时清除田间残株病叶并销毁。

⑦生物膜防病　用生物膜(美国CAN产品)剪成长5厘米、宽3厘米的长条，在黄瓜茎基部裹一层保护膜可减少病菌侵入。

⑧农药防治　选用72.2%霜霉威水剂600～800倍液，或72%霜脲·锰锌可湿性粉剂700倍液，或75%百菌清可湿性粉剂600倍液，或25%甲霜灵可湿性粉剂700倍液，采取喷、灌结合的

方法，先灌后喷。每株灌根250克药液，每隔7～10天灌、喷各1次，连续灌、喷各3～4次。要早防早治。农药要交替使用，以免产生抗药性。

8. 根腐病 根腐病是常见的主要病害之一。从发生到死秧，一般只有3～5天，传播快，危害大。根腐病发生与危害程度，与生产管理水平有关，管理水平高很少发病，相反则发生普遍，危害亦较严重。

(1)危害症状 黄瓜根腐病主要侵染根及茎部，初呈水浸状，后腐烂，维管束变褐色，不向上发展。严重时，维管束丝状。茎缢缩不明显，地上部初期病状不明显，后期中午前后叶片萎蔫，早晚恢复，严重时不能恢复而枯死。黄瓜根腐病和疫病、枯萎病症状相似，初期病株都呈萎蔫状，后来萎蔫枯死。三者不同之处是：根腐病地下茎基部缢缩不明显，后期导管变褐色，但不往上发展；疫病缢缩明显，导管不变色；枯萎病地下茎基部不缢缩，不腐烂，导管变色向上发展。

(2)防治方法 防治黄瓜根腐病最主要的措施是改善和加强农业耕作管理技术。

①合理轮作 有条件的地方与十字花科、百合科作物实行3年以上轮作，或与水稻、葱、蒜等轮作，以减少土壤菌源。

②加强栽培管理 采用高畦栽培，种植前翻晒土壤，适时松土增加土壤通透性，整平畦面，以利于雨后能及时排水，防止大水漫灌及畦面受淹。结合整地施足充分腐熟的优质有机基肥，追肥应均匀撒施，勿过于靠近根部。

③药剂防治 在发病期来临之前进行灌根预防，发现中心病株及时拔除并灌药。主要药剂有：50%多菌灵可湿性粉剂500倍液，或75%敌磺钠可溶性粉剂800～1 000倍液，或50%甲基硫菌灵可湿性粉剂500倍液，或25%丙环唑乳油800倍液，每株灌500克药剂。田间湿度大时可配成药土撒在茎基部。

9. 蔓枯病 蔓枯病是黄瓜土传病害之一。在保护地和露地均有发生，一旦发生，很难控制，常在很短时间造成整片萎蔫，严重威胁黄瓜产量和品质。

(1)危害症状 叶茎病斑近圆形、半圆形或沿边缘呈“V”字形，淡褐或黄褐色，易破碎。病部有轮纹，但不明显，上生很多小黑点。蔓上病斑呈椭圆形，淡褐色，多出现在茎节部，有时出现琥珀色流胶。后期病茎干缩，纵裂呈乱麻状物。此病与枯萎病的区别是维管束不变色，也不会全株枯死。

(2)防治方法

①选用抗病新品种 详见第四章黄瓜优良品种。

②实行轮作 与非瓜类作物轮作 2～3 年，与小麦、玉米轮作 2 年，与水生蔬菜轮作 1 年。不能进行轮作的棚室，进行土壤消毒，具体做法参照枯萎病防治。

③种子消毒 用种子重量 0.3%的 50%苯菌灵或 50%福美双可湿性粉剂拌种。

④棚室消毒 定植前用 5%菌毒清水剂 150 倍液，或 36%甲基硫菌灵可湿性粉剂 500 倍液，或 50%咪鲜胺可湿性粉剂 1 500～2 000 倍液对棚室内的土面、墙面、架材喷洒。一般每 667 米^2 棚室喷施 100～150 千克。

⑤加强管理 施用充分腐熟的有机肥，增施磷、钾肥，增强植株抗性，合理密植，注意通风排湿，采用高垄地膜覆盖栽培，降低土壤湿度。

⑥药剂防治 保护地可选用 45%百菌清烟剂，在发病前傍晚熏烟，每 667 米^2 每次 250 克，密闭熏 1 个晚上。每隔 7 天熏 1 次，连续熏 4～5 次。此法省工、省药，效果好，还可防治多种病害。也可用 6.5%甲霜灵粉尘剂喷洒，每 667 米^2 每次喷 1 千克，早上或傍晚进行，先关闭棚室，将喷头向上喷洒，使粉尘均匀飘落在植株上，每隔 7 天喷 1 次，连续喷 3～4 次。发病初期喷 70%甲基硫菌

灵可湿性粉剂 600～800 倍液，或 65%硫菌·霉威可湿性粉剂 600～800 倍液，或 75%百菌清可湿性粉剂 500～600 倍液，每隔 5～6 天喷 1 次，连续喷 3～4 次。茎的病斑，可用毛笔蘸 50%甲基硫菌灵可湿性粉剂或 36%甲基硫菌灵悬浮液 50 倍液，或 40%氟硅唑乳油 100 倍液涂抹。然后全田喷药液防治，效果更佳。

10. 拟茎点霉根腐病 该病在保护地多年采用嫁接栽培的黄瓜产区常有发生，其危害日趋严重。

(1)危害症状 一般在结瓜后发生。发病初期症状与黄瓜根腐病相似，开始接穗黄瓜叶片在中午时萎蔫，早晚恢复。几天后下部叶片逐渐向上部发展并变黄，致使地上部叶片萎蔫而不能恢复，呈青枯状。南瓜砧木茎基部呈水浸状后变褐色，严重时根部组织腐烂呈丝状维管束，有时产生白色菌丝块，在根皮细胞可见密生小黑点。

(2)防治方法 ①对育苗床、嫁接苗床及定植棚室进行高温闷棚 3～5 天，使棚内中午前后土壤温度达 40℃～50℃，空气温度达 60℃左右，可有效杀灭病菌。使用充分腐熟的有机肥料作基肥，还可施用酵素菌沤制堆肥。②药剂防治。发病初期，特别在发现零星病株时，要及时灌药防治。每株灌药液 250 毫升。可用 25%强力苯菌灵乳油 1 000 倍液加"克旱寒"500 倍液，或用 50%苯菌灵粉剂 1 500 倍液加"克旱寒"500 倍液灌根，每株灌药液 250 克。每隔 7～8 天灌 1 次，连续灌 2～3 次。

11. 黑星病 黄瓜黑星病是国内 20 世纪 80 年代发生的病害。该病由国外传入，被列为国内检疫对象。主要危害北方保护地黄瓜，发病重时严重影响黄瓜产量和商品性。

(1)危害症状 全生育期均可发病。危害叶、茎、卷须和瓜条，对嫩叶、嫩茎、幼瓜危害尤其严重。幼苗子叶发病初期，呈黄白色近圆形病斑，发展后引起全叶干枯。嫩茎及叶柄染病初期呈水浸状或暗绿色不规则条斑，以后凹陷；湿度大时，生灰黑色霉层。卷须染病变褐腐烂。生长点染病，经 2～3 天后烂掉呈秃顶状。叶片染病初期为退绿色圆形病斑，后期呈星状穿孔开裂。瓜条染病，初为暗绿色病斑，继而呈疱痂状并流出半透明胶状物，病果中央凹陷，瓜条弯曲畸形，停止生长。

(2)防治方法

①严格检疫　杜绝带病瓜果和种子传入。注意不从病区引种。一旦发现黑星病病株，及时拔除并带出棚外烧掉。不用有黑星病的棚室育苗。

②选用抗病新品种　详见第四章黄瓜新品种介绍。

③种子消毒　用 0.1%多菌灵溶液浸种 1 小时，再在清水中浸 3～4 小时后催芽。或 50%多菌灵可湿性粉剂 500 倍液浸种 20 分钟，然后用水冲洗干净后催芽。或用种子重量 0.3%的 50%多菌灵可湿性粉剂或 50%克菌丹可湿性粉剂拌种。

④轮作或土壤消毒　与非瓜类作物轮作 3～4 年，不能轮作的进行苗床消毒。在傍晚每 100 米^2 空间用硫磺 300 克、锯末 600 克混匀后分几堆点燃密闭熏蒸，消毒 1 个晚上。

⑤加强栽培管理　避免连作，增施磷、钾肥，培育壮苗增强植株抗性。黑星病属于低温高湿病害，保护地采用高垄定植、地膜覆盖栽培，注意温、湿度管理。升高棚室温度，及时通风降低湿度。合理定植，注意通风透光。

⑥药剂防治　一旦发现中心病株，要及时拔除，并及时喷药防治。最好在发病前，每 667 米^2 用 10%百清·多菌灵粉尘剂或 6.5%甲霜灵粉尘剂 1 千克喷撒，每隔 7 天喷 1 次，连续喷 4～5 次。也可在定植前每 667 米^2 用 45%百菌清烟剂 300～350 克熏蒸，每隔 7 天熏 1 次，连续熏 4～5 次。发病初期，可用 1%武夷菌素水剂 100 倍液，每隔 4～5 天喷 1 次，连续喷 3～4 次。或用 50%多菌灵可湿性粉剂 800 倍液，或 70%代森锰锌可湿性粉剂 800 倍液，或 25%氟硅唑乳油 9 000～10 000 倍液，每隔 7～10 天

喷1次，连续喷2次。

12. 灰霉病 近年来，随着日光温室迅速发展，黄瓜灰霉病危害越来越严重，轻者减产10%左右，重者达20%以上，还影响瓜条商品性状。

(1)危害症状 主要危害花、果实、茎叶。病菌从开败的雌花侵入，雌花受害后花瓣腐烂，长出灰褐色霉层。病菌向果实发展，致使果实顶部呈水浸状，灰绿色，病部萎缩呈“尖瓜”状，湿度大时密生灰褐色霉层。病瓜或脱落的花接触叶片，致使叶片染病，初期呈水浸状不规则病斑，逐渐变黄、软腐，湿度大时有灰褐色霉层。病菌落在茎上时，能引起茎节部腐烂，严重时致蔓折断，植株枯死。

(2)防治方法

①选用抗病新品种 详见第四章黄瓜优良品种。

②轮作与土壤消毒 可参照枯萎病的防治。

③加强栽培管理 定植前10～15天，先于棚内的墙面、地面、立柱喷洒86.2%氧化亚铜可湿性粉剂1200倍液。选晴天密闭大棚，使棚内中午前后的气温高达45℃以上，进行高温灭菌，而后降至25℃～30℃。采用高垄进行地膜覆盖栽培。注意增加光照，通风排湿，阴天不要浇水，可减轻病害发生。在容易发生灰霉病的季节，于棚室内北墙面张挂镀铝反光幕，增加棚内反射光照，创造高温、相对低湿的生态环境，能有效抑制灰霉病的产生。使棚室内温度高于32℃的时间达2小时，空气相对湿度控制在65%～85%(上午80%～70%，下午70%～65%，夜间70%～85%)。因病菌主要侵染花瓣，应及时摘除凋萎的花瓣，装在塑料袋内，带出田外深埋或烧掉，可减少发病。

④药剂防治 发病初期，采用烟剂或粉尘剂防治。用40%百扑烟剂(含百菌清和异菌脲)或40%百速烟剂(含百菌清和腐霉利)或45%百菌清烟剂。每667米^{2}用250～350克熏烟4～6小时，每隔7天左右熏1次，连续熏2～3次。也可用10%氟吗啉粉

尘剂，或5%百菌清粉尘剂，于傍晚闭棚后喷粉，每667米^{2}用1千克，每隔8～10天喷粉1次，连续喷2～3次。

始花期用保果灵500倍液或保丰灵2 500倍液或坐果灵1 250倍液，加入0.1%用量的50%腐霉利可湿性粉剂蘸雌花。也可用50%异菌脲可湿性粉剂1 000～1 500倍液，或50%多·霉威可湿性粉剂1 000～1 200倍液，每隔7～10天喷1次，连续喷2～3次。灰霉病容易产生抗药性，以上农药需交替使用。

13. 菌核病 黄瓜菌核病是保护地栽培的重要病害，从苗期至成株期均可发病，主要危害果实和茎蔓。受害地块产量损失10%～30%。

(1)危害症状 病菌可以侵染果实、茎蔓、叶片等部位。果实发病是由顶部的残花染病引起的，初呈水浸状，后腐烂长出白色菌丝集结形成菌核，菌核开始呈黄白色，后变成黑褐色鼠粪状。茎蔓染病，初呈水浸状，后腐烂，长出菌丝集结成菌核。此病一般使茎基部或叶片、叶柄、瓜条组织腐烂，凋萎枯死；木质部不腐烂时，植株不表现萎蔫。

(2)防治方法

①轮作 与非寄主植物实行2～3年轮作，最好水旱轮作，减少土壤中病源。黄瓜拉秧后抢种一茬小白菜，小白菜地经常处于湿润状态，可诱发病菌大量萌发，土壤深翻20厘米，将菌核埋入土中，减少翌年初侵染源。

②加强栽培管理 棚室栽培应控水降温，加强通风透光，使空气相对湿度在80%以下。要求地膜覆盖，垄间铺草，防止孢子自散传播。一般棚室上午闷棚提温，下午及时通风排湿，早春日温控制在29℃～31℃，空气相对湿度低于65%，一旦发病应适当提高夜温，减少结露，并及时拔除病株。

③种子及土壤消毒 带菌种子用50℃温水浸10分钟即可杀死菌核。定植前用50%异菌脲可湿性粉剂1～1.5千克掺细土

15～20千克拌匀，配成药土，均匀撒在地面，耙入表土层中，杀灭土中病菌。

④药剂防治　地面发现病菌时，每667米^{2}每次可采用10%腐霉利烟剂或45%百菌清烟剂250～300克，闭棚熏1夜，每隔8～10天熏1次，连续熏3～4次，不能间断。也可每667米^{2}每次用5%百菌清粉尘剂1千克喷撒。在盛花期可用50%异菌脲可湿性粉剂1 000倍液，或50%腐霉利可湿性粉剂1 500倍液，或40%菌核净可湿性粉剂1 000～1 500倍液，每隔7天喷1次，连续喷3～4次。病情严重时，除正常喷药外，还可将上述药剂对水成50倍液涂抹瓜蔓病部。

14. 黑斑病　黑斑病是近年来新发生的病害，俗称烤叶病、烧叶病。

(1)危害症状　主要侵染黄瓜叶片，幼株、成株均可发病。一般中下部先发病，后逐渐向上发展。初期叶背呈水浸状圆形或不规则病斑，中间黄白色，边缘黄褐色，后期表面粗糙，稍微隆起，且有退绿色晕圈，病斑多数在叶脉之间，很少发生在叶脉上，严重时，多个病斑连成一片，使叶肉组织枯死，似火烤状，不脱落。湿度大时，可看到黑褐色霉层。重病田往往株株发病，每株病叶除心叶和未展开的幼嫩叶外，其他叶片均发病。此病发病在结瓜期，如防治不及时，会造成绝产。

(2)防治方法

①农业防治　播种前进行种子消毒，用50℃～60℃水恒温浸种15分钟，或用50%多菌灵可湿性粉剂500倍液浸种20分钟用水冲净后催芽。施腐熟的有机肥，并增施磷、钾肥，增强植株抗病能力。采用高垄地膜覆盖栽培。控制浇水量，防止大水漫灌。与非瓜类作物实行2～3年轮作。

②药剂防治　药剂防治黑斑病必须在发病前或发病初期进行。保护地黄瓜在发病初期可用粉尘剂和烟剂防治。于傍晚喷撒

5%百菌清粉尘剂，每667米^{2}每次用1千克，或于傍晚点燃45%百菌清烟剂，每667米^{2}每次用250～300克，或用15%噁霜·锰锌烟剂300～400克，每隔7～9天喷1次，视病情连续与粉尘剂交替使用。露地栽培发病初期用75%百菌清或40%克菌丹可湿性粉剂500～600倍液，或50%异菌脲可湿性粉剂1 500倍液，每隔7～9天喷1次，交替使用，连续喷3～4次。

15. 褐斑病 褐斑病又称环斑病或靶斑病，发病严重时，可引起植株早衰，提前拉秧。该病在露地及保护地黄瓜上均能发生，近年来在一些地区日光温室生产中发病日趋严重。

(1)危害症状 主要危害黄瓜叶片，发病多从盛瓜期植株中下部叶片开始，再向上部叶片扩展。初期在叶面生出灰褐色小斑点，逐渐扩展成圆形或近圆形、边缘不整且大小不等的淡褐色或褐色病斑。后期病斑中部颜色变浅，有时呈灰白色，边缘灰褐色。湿度大时，病斑正、背面均生有稀疏灰褐色霉状物，即病菌的分生孢子梗和分生孢子。严重时，病斑融合，叶片枯死。

(2)防治方法

①使用无病种子 选无病田和无病瓜留种，防止种子带菌；对有带菌嫌疑的种子，用55℃温水浸种15分钟。

②轮作 发病田与非瓜类作物实行2年以上轮作。

③加强栽培管理 用新土育苗，施足基肥，适时追肥，注意氮、磷、钾的配合施用；使用高垄覆膜栽培技术，控制灌水；搞好棚内温、湿度管理，适时通风，增加光照，改善通风透光性能，降低保护地内空气湿度，减少结露机会，创造有利于黄瓜生长发育、不利于病菌萌发及侵入扩展的温、湿度条件。在黄瓜拉秧后，清除田间病残体，减少初侵染源。

④药剂防治 发病初期喷洒50%福美双可湿性粉剂500倍液，或50%多菌灵可湿性粉剂500倍液，或75%百菌清可湿性粉剂700倍液，或50%苯菌灵可湿性粉剂1 500～1 600倍液。棚室

可选用45%百菌清烟剂熏烟，每667米^{2}用药250克，或喷撒5%百菌清粉尘剂，每667米^{2}用药1千克，每隔7～9天1次，连续2～3次。发病严重时，可追施微量元素硼肥。

16. 叶斑病 叶斑病往往与炭疽病同时发生，有时被误认为初期炭疽病，高温雨季易发病，叶片受害，对黄瓜同化作用有一定影响。

(1)危害症状 主要发生在叶片上，病斑开始退色至淡褐色，最后呈褐色或深褐色，圆形或椭圆形至不规则形，散生叶面。病斑边缘明显或不明显。湿度大时，病部表面生有灰色霉层。

(2)防治方法

①实行轮作 与非瓜类作物实行2年以上轮作。

②使用无病种子 在无病田和无病株上采种，或播种贮存2年以上的陈种子，或用55℃温水浸种15分钟。

③加强栽培管理 施足基肥，混拌磷、钾肥，结瓜后及时追肥，增强植株抗逆能力。实施垄作覆膜栽培，疏通排灌水沟，避免积水，雨后浅中耕，防止土壤板结。合理密植，打底叶，促进田间通风透光，降低湿度。

④药剂防治 发病初期喷洒40%百菌清悬浮剂600倍液，或10%苯醚甲环唑可湿性粉剂1 000倍液，或70%甲基硫菌灵可湿性粉剂800倍液，或50%硫磺·多菌灵悬浮剂600倍液喷雾。每隔7～10天1次，连续用2～3次。保护地栽培黄瓜，可在夜间配合百菌清烟剂熏蒸，每667米^{2}用45%百菌清烟剂200～250克，或喷撒5%百菌清粉尘剂，每667米^{2}用1千克，每隔7～9天1次，视病情防治1次或2次。使用百菌清应在采收前10天停止用药。

17. 红粉病 红粉病是新发生的一种病害。常发生在生长后期及贮藏前期。病瓜发苦，不堪食用。露地黄瓜夏季多雨、高湿条件下也可发生。

(1)危害症状　主要危害叶片。生育后期病叶开始呈暗绿色圆形或不规则浅褐色病斑;湿度大时,叶边缘呈水浸状,甚至有浅橙色霉状物,病斑迅速扩大,致使叶片腐烂或干枯。此病病斑大而薄,与炭疽病相似,但该病不产生黑色小点,以此区别于炭疽病。该病斑不像枯萎病呈"V"字形病斑而区别于枯萎病。

(2)防治方法

①农业防治　拉秧倒茬时,要及时清洁田园。施充分腐熟的有机肥作基肥。高垄定植,地膜覆盖,膜下灌水,减少土壤水分蒸发量。适当稀植,及时整枝、绑蔓,以利于通风透光,增强棚室内光照强度,降低空气湿度。

②药剂防治　发病初期用74%百菌清可湿性粉剂1 000倍液,或70%甲基硫菌灵可湿性粉剂1000倍液,或50%苯菌灵可湿性粉剂1 500倍液,或25%强力苯菌灵乳油1 000倍液交替喷洒,每隔6～7天喷1次,连续喷2～3次。采收前3～5天停止用药。贮运前用25%抑霉唑乳油750毫升/升浸瓜30秒钟,结合冷藏,效果较好。

18. 花腐病　花腐病多发生在保护地塑料大棚,露地栽培也有发生。该病近年有蔓延上升的趋势。

(1)危害症状　发病初期,黄瓜花呈褐色腐烂状。病菌从花蒂部侵入幼瓜向瓜上扩散,致使病瓜外表逐渐变褐,在瓜顶可见白色茸毛状物,有时可见黑色茸毛状物。空气干燥时,半个果实变褐色。

(2)防治方法

①轮作　与非瓜类作物实行3年以上轮作。

②加强田间管理　选择地势高燥的地块种植,移栽前施足有机肥或用日本酵素菌沤制的堆肥。采用高畦栽培,合理密植,注意通风排湿,雨后及时排水。棚室白天温度控制在23℃～28℃,空气相对湿度控制在60%～75%;夜间温度控制在13℃～15℃,空

气相对湿度控制在80%～95%。采用小水滴灌,严禁大水漫灌,以增强植株抗病力。在栽培管理过程中,应认真细致,防止植株被机械损伤。坐果后及时摘除残花病瓜,并集中深埋或烧毁。

③药剂防治　开花至幼瓜期可选用下列药剂进行喷洒:64%噁霜·锰锌可湿性粉剂400～500倍液,或50%苯菌灵可湿性粉剂1500倍液,或75%百菌清可湿性粉剂600倍液,或58%甲霜·锰锌可湿性粉剂500倍液,每667米^{2}喷洒配好的药液70～75升,每隔10天左右喷1次,连续喷2～3次。采收前3天停止用药。

19. 白绢病　白绢病在长江流域以南各地发生较多。

(1)危害症状　主要危害近地面的基部或果实。茎基部染病,初为暗褐色,其上长有辐射状白色绢丝状菌丝体,边缘明显,后期菌丝体上产生许多茶褐色、油菜籽状小菌核,湿度大时,菌丝体向根部四周地面蔓延,并产生菌核。严重时病株基部腐烂,致地上部茎叶萎蔫或死亡。果实发病呈软腐状,表面产生白色绢丝状菌丝体和菌核,后期整个果实腐烂。以接近地面的果实发病最重。

(2)防治方法

①轮作　与非寄主蔬菜最好是禾本科作物实行3～4年以上轮作,或水旱轮作2～3年。

②调节土壤酸碱度　每667米^{2}施消石灰100～150千克,调节土壤酸碱度至中性为宜,或大量施用充分腐熟的有机肥。

③加强田间管理　深耕翻,避免果实直接与地面接触。保持地面干燥,防止地面积水。发现病株及时拔除,集中烧毁。病穴及四周撒消石灰,或灌注50%代森铵水剂400倍液消毒。病田收获后,彻底清除田间残株,随之深翻土壤。

④药剂防治　发病初期用15%三唑酮可湿性粉剂1份,对细土100～200份,撒在病部根颈处。也可喷洒20%甲基立枯灵乳油1000倍液,每隔7～10天1次,连续用药1～2次。

⑤生物防治　用培养好的哈茨木霉菌0.4～0.5千克+50千

克细土，混匀后撒覆在病株基部，每 667 米^2 地块用 1 千克，能有效地控制病害发生。

20. 细菌性角斑病 该病是黄瓜主要病害之一。露地保护地均可发生，近年来，保护地细菌性病害危害日益严重。比真菌性病害更难防治。

(1)危害症状 从幼苗到成株均可染病。主要危害叶片，严重时也危害叶柄、茎秆、瓜条等。子叶染病，初期叶背呈水浸状近圆形病斑，后凹陷、干枯。成株染病叶片上初见水渍状退绿斑点，扩大时受叶脉限制，病斑呈褐色多角形。病部腐烂，脱落形成穿孔。湿度大时，叶背常见白色菌脓，菌脓干燥后形成一层白色薄膜或白色粉末，不同于霜霉病。叶柄或茎蔓上发病，沿茎沟形成条形病斑，并凹陷，有时开裂。湿度大时，病部产生菌脓，沿茎沟向下流，形成一条白色痕迹。卷须受害，严重时腐烂折断。瓜条受害，初期呈水浸状斑并略凹陷，后期湿度大时，产生大量菌脓，瓜条软腐有异味。病菌可侵入种子，使种子带菌。

(2)防治方法

①选用抗病新品种 详见第四章黄瓜新品种介绍。

②种子消毒 用 55℃温水浸种 15 分钟，捞出后在凉水中浸泡 4～6 小时，再沥干催芽，或用 72%硫酸链霉素可溶性粉剂 3 000～4 000 倍液浸种 2 小时，用清水冲洗后催芽。

③加强栽培管理 及时清除病残体及病瓜；避免重茬，与非瓜类作物轮作 2～3 年；控制浇水量并及时通风排湿；采用地膜覆盖，控制和降低土壤和空气湿度。

④药剂防治 发病初期喷 50%琥胶肥酸铜可湿性粉剂 500 倍液，或 72%硫酸链霉素可溶性粉剂 3 000～4 000 倍液，或 77%氢氧化铜可湿性微粒剂 600～700 倍液，每隔 7～10 天喷 1 次，连续喷 3～4 次。如果角斑病与霜霉病同时发生，可选用 58%甲霜灵可湿性粉剂 500 倍液，或 60%琥·乙磷铝可湿性粉剂 500 倍

液，每隔6～7天喷1次，连续喷3～4次。棚室内湿度过大时，也可用10%脂酸铜粉尘剂或5%春雷·王铜粉尘剂喷撒，每667米^{2}每次喷1千克。用喷粉器喷，不加水，在走道上，将喷头向上喷，使粉尘剂从空间飘落下来。早上或傍晚进行，喷前先闭棚室，喷完1小时后方可打开棚室。

21. 黄瓜花叶病毒病 黄瓜花叶病毒是主要的病毒种类之一。在黄瓜上，一般发病比较轻，但有些地区夏、秋季发生比较重。

(1)危害症状 苗期子叶染病后，变黄枯萎，幼叶呈深绿与淡绿相间的花叶状，并出现不同程度的皱缩、畸形。成株染病，新叶呈黄绿相间的花叶状，病叶小且皱缩，叶片变厚，严重时叶片反卷。茎部节间缩短，茎畸形，严重时植株枯萎。病瓜呈深绿、浅绿相间的果色，表面凹凸不平，瓜条畸形。重病株簇生小叶、不结瓜而萎缩枯死。

(2)防治方法

①选用抗病新品种 详见第四章黄瓜新品种介绍。

②栽培措施防病 采用营养钵育苗，减少移苗时伤根。夏、秋黄瓜采用遮阳网(20～24目)，既可防暴晒，还可防止蚜虫、白粉虱等昆虫传播病毒。

③药剂防治 发病初期及时喷20%吗胍·乙酸铜可湿性粉剂600～700倍液，每隔6～10天喷1次，连续喷4～5次。或用1.5%烷醇·硫酸铜乳剂1000倍液，或5%菌毒清可湿性粉剂300倍液，喷雾防治，于定植后、初果期、盛果期各喷1次。

22. 根结线虫病 根结线虫病近年来危害逐渐加重，尤其是保护地重茬栽培发病重。根结线虫的危害，还可导致或加剧枯萎病的发生，促使植株快速死亡。

(1)危害症状 主要发生在侧根和须根上，呈瘤状大小不等的根结，剖开根结，可看到根结内部有许多细小乳白色线虫。重病时根部长满根结线虫。地上部叶片开始黄化，中午萎蔫，植株矮小，结实不好，严重时全株枯死。

(2)防治方法

①综合防治　黄瓜拉秧后，清理病根、杂草出园外深埋或烧毁。与对根结线虫免疫的葱、韭、蒜等蔬菜轮作2～3年，与水生蔬菜或水稻轮作1年。据黄仲生报道，根据根结线虫不耐高温的特点，利用保护地三夏短暂休闲期进行高温灭杀。具体方法是：首先清洁田园，将病根、杂草彻底清除烧毁，每667米^{2}用石灰100千克加碎稻草均匀撒在地表，然后深翻土壤50厘米，把大量线虫翻入底层，再起高垄30厘米，垄沟内灌满水，垄上覆盖地膜，封闭棚室7～10天，1～15厘米土层杀线虫效果达100%，20厘米土层杀虫效果达93%。

此外，可用淡紫拟青霉菌(真菌杀线虫剂)在播种时拌种，或定植时拌入有机肥穴施。具体用法、用量可参看产品说明书。连年使用该药剂，对防治各种土壤线虫有良好效果，对作物无残毒，也不污染土壤和水源，而且对作物还有一定刺激生长作用。注意该药剂不能与杀菌剂混用。

②药剂防治　定植或播种前，每667米^{2}用98%棉隆微粒剂3～5千克，均匀撒施后耕翻入土，也可在定植行两边开沟撒施2～4千克、浅覆土后定植。重病棚，在定植后50天左右，每667米^{2}用10%丙线磷缓释型颗粒剂2～3千克，混适量细土后穴施于距植株10～15厘米处；生长期发病可用48%毒死蜱乳油1 500倍液，或1.8%阿维菌素乳油1 000～1 500倍液灌根，每株灌药液200～250毫升。

(二)非侵染性病害

在黄瓜栽培中，除由病原菌引起的病害外，还常常因栽培措施不当等原因，导致一系列非侵染性病害即生理病害及障碍。常见的生理病害或障碍有以下几种。

三、黄瓜主要病害防治

1. 黄瓜寒害及闪秧凋萎

(1)症状及发生原因　黄瓜在日光温室越冬茬及冬春茬栽培中,常遇到连续阴雨天气,光照弱,光照时间短,连续几天棚室内昼温 14℃～20℃,夜温 8℃～10℃,甚至短时间低于 6℃～7℃,10 厘米地温低至 10℃～12℃,室内空气相对湿度达 85%～95%时,常出现叶片因夜间结露,叶面呈水浸状,叶色黄绿,新叶白黄至黄白色,雌、雄花不发达,幼瓜不膨大,茎叶细弱,植株生育缓慢,甚至生长停滞。连续阴雨天骤然转为晴天,仍按常规揭盖草苫,棚内气温迅速回升至 25℃～30℃时,棚内植株出现叶片严重萎蔫,顶部新叶萎蔫 2～3 小时后,植株萎蔫后不能恢复,直至死亡。

(2)防治方法　做好棚室的保温措施,遇连续阴雪天时,要用旧棚膜覆盖墙体、后坡面,后墙外面加厚玉米秸秆等保温物。为避免草苫被淋湿,用旧棚膜覆盖草苫加以保护。阴天,在无大风雪的情况下,坚持每天揭盖草苫,勤扫膜上积雪,沿后墙内面东西向增设镀铝反光幕,或增设 100 瓦以上农艺钠灯或电灯泡。遇 7℃～8℃低温时,可于凌晨 6 时左右在棚内用玉米芯、木炭等生火盆加温。阴雨天尽量不浇水,需要浇水时,应小水膜下轻浇,浇 15℃～20℃温水。阴雨天室内湿度大时,易发生霜霉病和灰霉病,用粉尘剂和烟剂防治。当连续阴雨天骤晴时,要"揭花苫"不可将覆盖着的草苫全部揭开,应间隔棚面和间隔时间揭盖草苫。此时,棚内受阳光直射叶片萎蔫时,应对其喷温水,以喷湿叶片为准,并盖上草苫防阳光直射。

2. 黄瓜花打顶

(1)症状及发生原因　早春、晚秋或冬季种植黄瓜,在开花、结瓜期在不良栽培条件下,植株顶端雌花、雄花簇生,不长新叶,形成"花抱头"的现象,即"花打顶"。产生花打顶的原因是温度过低,夜温低于 10℃时,影响白天制造光合产物,夜间输送到植株的光合产物减少 50%,如夜间低温连续多日,因叶片内积存物质少,致使叶色变深绿，叶面皱缩，凹凸不平，植株矮小而形成花打顶。尤其是地温过低，根系发育差，吸收水分和养分能力差，植株细弱矮小，出现花抱头现象。另外，阻碍根系正常生长发育的不当栽培措施，例如由于定植时穴施、沟施有机肥过量，过于集中，定植缓苗，蹲苗后浇水不及时或浇水量不足，造成土壤溶液浓度过高而烧根，根毛发生少或根尖呈铁锈色或枯死，或结瓜盛期遇寒流，连续阴雨天7天以上，棚内土壤低温、高湿，造成黄瓜沤根，或经常在大行间来回走动，引起伤根或使土壤板结、不透气，造成根系死亡等都能引起植株出现花打顶现象。

(2)防治方法　根据出现花打顶的原因，采取相应措施进行防治。对烧根引起的花打顶，应及时浇水，使土壤含水量达到22%，空气相对湿度达65%，浇水后及时中耕。对沤根引起的花打顶，应提高地温，同时进行中耕，加强通风、排湿，以降低土壤湿度。对伤根引起的花打顶，应在定植及中耕时避免伤根。在结果中后期，因田间操作致使大行土壤板结，使根系受伤的，应将大行膜揭开，进行中耕浇水和施肥后再盖膜，15天后可恢复正常。对因夜里低温引起的花打顶，可通过光、温调节，使夜温迅速转入正常。具体方法见日光温室冬春茬栽培。

3. 化　瓜

(1)症状及发生原因　黄瓜的雌花发育不好，在未开放或开放后逐渐黄化、萎蔫、停止生长或脱落，此种现象称“化瓜”。少量化瓜是植株自我调节的正常现象，大量化瓜直接影响到黄瓜的产量。产生化瓜的原因与品种、温度、光照、密度、水肥、病虫害等因素都有关系。

(2)防治方法　棚室内温度过高，白天温度高于35℃，夜间高于18℃～20℃，光合作用受阻，呼吸消耗增加，营养成分向茎叶输送，瓜秧明显徒长而引起的化瓜，应加强通风，降低温度。相反，白天温度低于20℃，夜间温度低于10℃，根系吸收能力受阻，光合作用不能正常进行引起的化瓜，应提高温度，增强光合作用；连续阴雨天，昼夜温差小，光合作用受阻，造成营养不良引起的化瓜，应通过叶面喷肥，补充营养；种植密度过大，透光率降低，光合效率低引起的化瓜，应根据不同品种、地力，合理稀植；水分不足或过多引起的化瓜，应根据不同生育阶段对水分的要求，合理灌溉；肥料供应不足，根系不能很好发育，雌花营养供应不足引起的化瓜，应施足基肥，勤追肥，避免偏施氮肥；光照不足，植株经常处在弱光条件下引起的化瓜，应在太阳一出就揭草苫，争取最大限度地受光；黄瓜霜霉病、细菌性角斑病、炭疽病、白粉病等叶部病害直接危害叶片，或蚜虫、茶黄螨、白粉虱等虫害通过吸取黄瓜汁液，造成黄瓜生长不良而引起的化瓜，应及时防治病虫害；当商品瓜成熟后不及时采收，根部瓜吸收大量同化物质，使上部的雌花养分供应不足而造成化瓜时，应注意适时采收商品瓜。化瓜还与品种特性有关，单性结实能力差的品种化瓜重。应选择单性结实能力强的品种。

4. 畸形瓜

(1)症状及发生原因　畸形瓜是黄瓜不同部位膨大速度不一致造成弯曲(弯钩瓜)、尖端变细(尖嘴瓜)、果端部位发粗(大肚瓜)、或形成细腰(蜂腰瓜)等各种畸形瓜。畸形瓜的形成与结瓜期的管理有关，营养、水分不足，不均匀或缺硼，或授粉不良，易形成各种畸形瓜。

(2)防治方法　根据黄瓜生长发育规律，尽量满足对营养元素的要求，合理配方施肥、灌水，加强通风、透光，对已形成的畸形瓜尽早摘除。

5. 苦味瓜

(1)症状及发生原因　在保护地栽培中，经常出现黄瓜苦味现象。这是因为植株体内含有苦味素的物质，一般在果梗处苦味浓，有的在果皮和果肉中也含有苦味。华北型黄瓜子叶多含有苦味物质，但果实中有的有苦味，有的无苦味。苦味的产生，除与品种的遗传基因有关外，不良的环境条件也是产生苦味黄瓜的重要原因。在基肥和追肥中氮素营养过剩，易使黄瓜葫芦素浓度增加；栽培时缺肥、植株衰老，也易产生苦味；控苗时间过长，土壤干旱，植物体内水分亏损，致使葫芦素浓度增加，也会产生苦味；高温或低温寒害，引起物质代谢紊乱，也可引起苦味；雨天多，光照不足，加之低温危害，引起苦味变浓；中耕伤根，影响根系吸收营养，造成营养不良，也能引起苦味瓜发生。

(2)防治方法　在高品质无土栽培中，可选用无苦味基因的荷兰系一代杂种及中农 19 号。国内华北型黄瓜绝对没有苦味的品种尚未发现，一般子叶均含苦味，关键要选择栽培过程中果实不易产生苦味的黄瓜品种。一般露地品种果实很少产生苦味。在保护地栽培中，要创造有利于黄瓜正常生长发育所需的温度、水分、光照条件，控制温、湿度，控制过量施用氮肥，阻止黄瓜体内苦味素在不良环境条件下发生。

6. 黄瓜茎叶徒长

(1)症状及发生原因　叶大、叶柄长，叶柄与主蔓夹角小于 45°；节间 10 厘米以上，茎秆粗在 0.8 厘米以上；叶色稍淡，卷须发白；雌花弱，化瓜严重。属营养生长过旺，生殖生长受到抑制。主要原因是由于氮肥过量，水分多，光照不足，或温度偏高，特别是夜间温度过高，昼夜温差小所致。

(2)防治方法　通过摘心暂时抑制根的活动，控制植株长势；降低夜间温度至 8℃左右，连续 5～6 天，造成昼夜大温差，控制茎叶生长，促进营养生长向生殖生长方向转化；避免过分闷热，充分进行通风换气。保持适当温、湿度，抑制茎叶生长速度；必要时喷洒 0.2%尿素溶液，或 0.2%磷酸二氢钾溶液。高浓度微肥可能导致叶片变形，但恢复后，会出现控制徒长和促进雌花生长的效果。

7. 黄瓜焦边叶

(1)症状及发生原因　黄瓜焦边叶，以中部叶片最重。发病叶片，多在大部边缘或整个边缘发生干枯，一般2～3毫米一圈。发生原因：土壤盐分浓度过高；棚室高温高湿情况下，突然通大风，造成失水过急；另外在喷洒浓药时，药剂浓度偏大，药液用量过多，药滴留在叶子边缘造成药害，干枯后呈褐色焦边叶。

(2)防治方法　进行配方施肥，适当减少施肥量或多施有机肥，以降低土壤溶液浓度；盐分含量大的土壤，可浇水泡田洗盐，科学通风，避免通风过急、过大；用药时注意药剂的使用浓度和药液喷布量，叶面药液量以叶面湿润而不滴水为宜。

8. 黄瓜低温障碍　黄瓜低温生理病害是在黄瓜提早和延后栽培中经常出现的生理障碍，使黄瓜生育延迟并造成减产。

(1)症状及发生原因

①症状　黄瓜遇低温可表现多种症状：一是种子发芽和出苗延迟，致苗黄、苗弱，沤籽或发生猝倒病、根腐病等；或出土幼苗子叶边缘出现白边，叶片变黄，根系不烂也不长；或根尖变黄，出现沤根、烂根现象，且地上部开始变黄。二是苗期受害，导致幼苗生长缓慢，叶色浅，叶缘枯黄，甚至生长停止。植株朽住不长，致幼苗萎蔫或萎黄，结瓜少且小。三是当低温持续时间较长时，不发根，花芽分化受到影响或不分化，叶片组织呈黄白色，抵抗力减弱，导致弱寄生物侵染。有的呈水渍状，致叶片枯死或干枯，有的还可诱发菌核病、灰霉病等低温型病害发生和蔓延。四是成株受害，初期叶片叶肉黄化，叶脉绿色，叶片略向下卷，生长缓慢或停止生长，节间缩短，叶片变硬，略呈透明状。严重时整个叶片全部变黄，生长停止。

②发生原因　一是低温下光合作用减弱，呼吸强度和速率下降，造成黄瓜生长速度减慢，结瓜速度下降。二是低温影响养分的运输，妨碍光合产物及营养元素向生长器官输送，且运转速度下降。三是低温可造成黄瓜生理失调，吸收的矿质营养不但减少，而且还会滞留在根部，妨碍向叶片运转，造成叶片养分不足，发生缺

素症。四是低温使黄瓜生殖生长受到抑制或出现异常，影响到生长速度和结瓜率。五是低温造成细胞膜通透性改变，在低温时根细胞原生质流动缓慢，细胞渗透压下降，造成水分供应失衡。当温度低至水分冻结状态时，细胞间隙的水分结冰，致细胞原生质的水分析出，冰块逐渐加大，造成细胞脱水或使细胞膜胀离而死亡。

(2)防治方法

①选用耐低温品种　目前生产上耐低温品种很多，详见第四章内容。

②低温锻炼适度蹲苗　采用春化法，把泡涨后快发芽的种子置于0℃冷冻24～36小时后播种，不仅发芽快，还可增强抗寒力。在揭膜前4～5天进行夜间炼苗，只要是晴天，夜间逐渐把膜揭开，由小到大逐渐撤掉，可使抗寒性得到明显提高。在低温锻炼的同时结合干燥炼苗及蹲苗，对提高抗寒能力作用更为明显，但蹲苗不宜过度。

③合理安排播种期和定植期　根据历年棚室温度变化规律，确定科学的播种期。春季定植时应选择冷空气过后回暖的天气，南方最好选有连续3天以上的晴天定植。

④加强温室保温　棚膜应选用无滴膜，盖蒲帘，提倡采用地膜、小棚膜、草苫、大棚膜等多重覆盖，做到前期少通风，中期适时、适量通风，使棚温白天保持25℃～30℃，地温18℃～20℃，土壤含水量达到田间最大持水量的80%，夜间地温应高于15℃。发生寒流侵袭时，应马上采取加温防冻措施。

⑤药剂防治　用200毫克/千克脯氨酸＋4%蔗糖溶液浸种12小时。也可在寒流侵袭之前，每667米^{2}黄瓜，叶面上喷施植物抗寒剂100～200毫升，或惠满丰多元复合液体活性肥料500倍液320毫升，或95绿风植物生长调节剂600～800倍液，每隔5～7天喷1次，共喷2次。也可每隔半日喷1次绿芬威营养液600倍液，均能抵抗较长时间的低温危害，增强植株抗寒防冻能力。另

外，补施二氧化碳气肥可促进黄瓜的光合作用，提高抗性；喷洒72%硫酸链霉素可溶性粉剂4 000倍液，或27%高脂膜乳剂80～100倍液，或巴姆兰丰收液膜200倍液也有一定预防作用。

9. 黄瓜高温障碍 高温障碍是指进入4月份以后，随着气温逐渐升高，保护地内通风不及时或通风不良，导致棚室温度过高，造成对黄瓜生长发育的危害。

(1)症状及发生原因 幼苗期棚温过高，导致幼苗徒长，子叶小，下垂，有时出现花打顶。成苗期遇高温，叶色变浅，叶片大且薄，不舒展，节间伸长或徒长。成株期遇高温，叶片初出现1～2毫米近圆形至椭圆形退绿圆斑，后逐渐扩大，导致叶肉和叶脉自上而下均为黄绿色，严重时植株停止生长。棚室内温度高于40℃，土壤含水量少，且持续时间较长，造成黄瓜生长发育不良，引起高温障碍。

(2)防治方法 一是选用耐热的品种。二是加强栽培管理。注意棚室的通风换气，保持白天棚温在30℃以下，夜间控制在18℃左右。浇水最好在上午进行，避免晚上和阴天浇水，保证空气相对湿度低于85%。采用配方施肥技术，适当增施磷、钾肥，或施用日本酵素菌沤制的堆肥。遇有持续高温或干旱天气，棚室黄瓜蒸发量大，呼吸旺盛，耗水量大时，可适当增加浇水次数。三是第一批坐瓜少时，可用保果灵100倍液喷花或点花，既可促进早熟增产又可防止徒长。

10. 黄瓜营养元素缺乏症 黄瓜需要多种矿质元素配合并在适当比例下才能正常生长发育，如果缺乏其中一种元素，就会出现生理障碍。

(1)缺氮症状及防治 植株瘦弱，叶片小。叶片从下向上顺序变黄。叶脉突出，叶脉间黄化；结瓜少、尖瓜多。出现这种症状，一般是由于前茬施有机肥少或大量施用了未腐熟的有机肥；露地栽培时，由于降雨多，氮被淋失；大量收获时，未及时追肥而造成缺氮。防治方法:施用充分腐熟的有机肥,或追施速效硝酸铵或尿素,或喷0.5%尿素溶液。

(2)缺磷症状及防治　幼苗叶呈深绿色,叶小,硬化。叶稍微向上挺。定植后生长缓慢,植株矮小,下位叶容易枯死,果实成熟晚。缺有机肥和磷肥施用量少的土壤容易缺磷,地温低和通气性差的土壤,常影响根系对磷的吸收。防治方法:增施有机肥和磷肥,特别应注意育苗床磷肥的施用量和提高苗床温度。每667米^{2}可施磷酸铵1～1.5千克,或叶面喷0.2%磷酸二氢钾溶液2～3次,或结合浇水施磷酸二铵。

(3)缺钾症状及防治　幼苗期叶缘轻微黄化,然后扩展到叶脉间轻微黄化,结果期中位以上的叶向外侧卷曲。叶片稍微硬化,叶色深绿,瓜条稍短,发育不良。沙土或施有机肥、钾肥少的地块易缺钾;地温低、日光不足,土壤湿度过大,施氮肥过多,会阻碍对钾的吸收。防治方法:增施有机肥和钾肥。苗期和采收期及时施入硝酸钾,每10～15天施1次,每次每667米^{2}施8～10千克,采收中后期叶面喷施0.2%磷酸二氢钾溶液。

(4)缺钙症状及防治　植株生长点附近的叶小,叶缘枯死,叶形呈蘑菇状,叶脉黄化。一般在盐分高和施钙少的地块易缺钙;在氮多、钾多及空气湿度小的情况下会阻碍对钙的吸收。防治方法:对缺钙的土壤深施生石灰或过磷酸钙。避免一次性施大量氮肥和钾肥。适量灌溉,保持水分充足,也可叶面喷洒0.3%氯化钙溶液,每隔3～5天喷1次,连续喷3～4次。

(5)缺镁症状及防治　当植株长到16片真叶时,才显现症状:叶脉出现褐色小斑点,叶脉间逐渐变黄。生育后期,除叶缘残存绿色外,全部呈黄白色,叶缘上卷,枯死。这种症状主要发生在缺镁的沙壤土地块。施氮、钾肥过多也阻碍对镁的吸收。防治方法:土壤中增施硫酸镁,注意避免施过量的钾、氮肥料,或叶面喷洒1%～2%硫酸镁溶液。每隔7～8天喷1次,连续喷2～3次。

(6)缺铁症状及防治　植株生长点附近的新叶叶脉先黄化，逐渐失绿，但组织不坏死。土壤缺铁，或磷肥施用过多，妨碍铁的吸收与利用，都能引起缺铁。防治方法：避免土壤呈碱性，不过量施用石灰肥，防止土壤干旱或过湿，或叶面喷洒0.1%～0.3%硫酸亚铁溶液，每隔5天左右喷1次，连续喷2～3次。

(7)缺锌症状及防治　从中位叶开始，叶脉间退绿，叶缘黄化变褐，后期叶缘枯死，叶片外翻或卷曲。盐碱地pH值过高，锌不易溶解与吸收，或吸收磷过多，植株易缺锌。防治方法：基肥中每667米^{2}施硫酸亚锌1～2千克，或叶面喷洒0.1%～0.2%硫酸亚锌溶液。

(8)缺硼症状及防治　幼苗生长点附近的节间明显缩短，上部叶片卷曲，叶缘呈褐色，叶脉萎缩。严重时生长点停止生长，最后死亡。果实畸形，带有白色条纹。土壤施有机肥少，或钾肥施用量大，不利于对硼的吸收与利用，或土壤干旱，对硼的吸收力差，均易发生缺硼症。防治方法：基肥中每667米^{2}施硼砂1.5～2千克，或叶面喷洒0.1%～0.2%硼砂溶液，每隔5天喷1次，连续喷2～3次。

11. 保护地黄瓜有害气体障碍　黄瓜保护地栽培，常因某些有害气体浓度过高，产生危害而减产。常见的有害气体有以下几种。

(1)氨气　保护地施入大量未腐熟的有机肥，因发酵和分解产生氨气，或施入易挥发的氨水、碳酸氢铵，或一次性施入过多尿素、硫酸氢铵、硝酸铵，施后没有及时盖土或灌水，都容易产生氨气。当空气中氨气浓度达到0.5%时，就会对黄瓜产生危害：叶片上产生水浸状斑点，颜色变浅，逐步变成白色或淡褐色，叶缘呈灼烧状，严重时全株枯死。防治方法：合理施肥，施入的有机肥要充分腐熟；氮肥要少量多次施用，避免一次性施入过多；氮肥最好与过磷酸钙混合施用；不施挥发性强的氮肥，如碳酸氢铵、氨水等；少用尿素并施后盖土或及时浇水。

(2)二氧化氮 二氧化氮也叫亚硝酸气体。当施用过多的硝酸铵和土壤呈酸性时，容易释放出二氧化氮。当二氧化氮浓度达到0.2%时，黄瓜就出现危害症状，从下部叶开始呈水浸状漂白斑点，严重时叶脉外全部变白致死。防治方法：避免一次性施氮肥量过大，最好与过磷酸钙一起施用，并注意通风排气。

(3)二氧化硫 又称亚硫酸气体。温室中的氧化硫主要是燃烧含硫量较高的煤炭而产生。当空气中二氧化硫浓度达到0.5%时，经1～2小时，植株叶缘和叶脉间细胞就会死亡，形成白色和褐色枯死小斑点，严重时叶片凋萎；浓度低时，使叶一部分黄化，影响光合作用。防治方法：温室采暖的烟道要封闭严实，不能漏烟，使燃料充分燃烧，以减轻危害。另外，应注意通风排气。

此外，其他气体，如一氧化碳、硫化氢、氧化亚铁、氧化锰、氯等，在空气中达到一定浓度时，也能危害黄瓜生长发育，应重视加以避免和防治。

四、黄瓜主要虫害防治

(一)地上害虫

1. 瓜蚜 瓜蚜又称棉蚜，俗称腻虫、油虫等。分有翅蚜和无翅蚜两种。虫体黑色，能传播病毒病。

(1)危害症状 成虫和若虫(幼虫)常在叶背、嫩茎和嫩叶上吸食汁液，分泌蜜露，使叶面煤污，并向叶背卷缩，瓜苗生长停滞，叶片干枯，甚至整株枯死。

(2)防治方法 ①综合防治。清除田间杂草等寄主，消灭越冬虫卵。利用蚜虫的天敌，如七星瓢虫、食蚜蝇等防蚜，也可用黄板诱蚜或用银灰色膜避蚜。②药剂防治。每 667 米^2 每次用 10%杀瓜蚜烟剂 400 克闭棚熏烟，每隔 7～8 天熏 1 次，连续熏 2～3 次。也可在蚜虫危害初期，用 2.5%氯氟氰菊酯乳油 3 000 倍液，或 50%辛硫磷乳油 1 000～1 500 倍液，或 10%吡虫啉可湿性粉剂 2 500 倍液喷洒。每隔 5～6 天喷 1 次，连续喷 3～4 次。喷药时，要注意集中喷叶背和嫩茎、嫩尖处，注意及早防治。

2. 黄守瓜

(1)*危害症状*　黄守瓜又名瓜守、黄虫、黄萤。是南方黄瓜苗期毁灭性病害，成虫和幼虫均可危害黄瓜，成虫早期危害瓜类幼苗、叶和嫩茎，以后又危害瓜的花和幼瓜。幼虫主要在土中危害根部，常造成幼苗死亡、缺苗断垄，幼虫也能蛀入地面瓜内危害，引起果实腐烂，影响产量和品质。

(2)*防治方法*　①农业防治。一是与芹菜、甘蓝、莴苣等蔬菜间作，可减轻危害。二是覆盖地膜或在瓜苗周围撒草木灰、麦秸等可防止成虫产卵。三是人工捕捉。利用清晨成虫不活动时，人工捕杀或白天用网捕成虫。②化学药剂防治。苗期毒杀成虫用 20%氰戊菊酯乳油或 2.5%溴氰菊酯乳油 4 000 倍液喷雾。也可用烟草水 30 倍浸出液灌根，杀死土中的幼虫。

3. 白粉虱　白粉虱又称温室白飞虱，俗称小白蛾。是保护地黄瓜主要虫害之一。成虫淡黄色，翅面覆盖白色蜡粉。

(1)*危害症状*　以成虫和若虫群集于黄瓜嫩叶背面吸取汁液，被害叶出现退绿色、变黄，甚至全株枯死。并能分泌蜜露，使叶片和果实引起煤污斑，降低光合作用能力，使黄瓜减产 1～3 成。白粉虱还可传播病毒病。

(2)*防治方法*

①*农业防治*　把育苗室和生产温室分开。在棚室通风口设置避防虫网。秋冬茬种植不被白粉虱危害的芹菜、油菜、蒜黄等蔬

菜,减少冬春茬黄瓜白粉虱的虫源。冬春茬黄瓜不要与茄子、番茄、菜豆混种,否则会加重危害。

②生物防治　当植株上有少量白粉虱时,按白粉虱成虫与寄生蜂1∶2～4的比例,投放丽蚜小蜂,每隔7～10天投放丽蚜小蜂1次,共放蜂3次,或释放草蛉防治。也可用黄色板进行诱杀。

③化学药剂防治　成虫密度较低时(每株2.5头),可用25%噻嗪酮可湿性粉剂2 000倍液喷雾;成虫密度稍高(每株5～10头)时,可用25%噻嗪酮可湿性粉剂1 000倍液喷雾;成虫密度高于每株10头时,可用25%噻嗪酮可湿性粉剂1 000倍液+少量氰戊菊酯或溴氰菊酯溶液,早期喷1～2次,可有效地控制白粉虱危害。也可每667米^{2}每次用蚜虱一熏净烟剂300～400克于傍晚闭棚熏烟,每隔7～8天熏1次,连续熏2～3次。

4. 茶黄螨　茶黄螨俗称茶嫩叶螨、白蜘蛛等。全国各地均有发生,多分布在长江以南及华北地区危害瓜类、茄果类、豆科等蔬菜。近年来,保护地黄瓜长年有茶黄螨危害,以春、秋两季危害最重,造成明显减产和品质降低。

(1)危害症状　虫体呈椭圆形,体表光滑,淡黄色至橙黄色,半透明。成螨和幼螨聚集于植株幼嫩部位及生长点周围,刺吸汁液,受害叶变厚,皱缩不能展平,叶色变浓绿,无光泽,不鲜嫩,叶片边缘向下卷曲。受害嫩茎、嫩枝变黄褐色,扭曲畸形,严重者植株顶部秃光,枯死。由于螨体极小,肉眼难以观察识别,其症状常被误认为是生理病害或病毒病害。

(2)防治方法　①农业防治。前茬蔬菜收获后,及时清除枯枝残叶及杂草。②化学药剂防治。药剂防治要及时,喷药重点是植株上部,尤其是幼嫩叶背和嫩茎。可用73%炔螨特乳油2 000倍液,或25%灭螨猛可湿性粉剂1 000倍液,或21%氰戊·马拉松(增效)乳油2 000倍液,或2.5%联苯菊酯乳油3 000倍液,每隔10天喷1次,连续喷3次。还可用1.8%阿维菌素乳油3000倍液喷洒。

5. 朱砂叶螨 朱砂叶螨又称红叶螨。全国各地均有发生。在菜田主要危害黄瓜。仲春、仲夏时期为棚室发生危害高峰，如防治不及时会造成严重减产。

(1)危害症状 成螨、幼螨、若螨在叶背吸食汁液，使叶片呈灰色或枯黄色细斑，严重时叶片干枯脱落，甚至整株枯死。

(2)防治方法 ①农业防治。清除田间残株败叶及杂草，减少虫源。秋末将田间残株落叶烧毁，减少红蜘蛛越冬场所。开春后种植前清除田内、田边残余枝叶及杂草，消灭其越冬的虫源。②药剂防治。用20%双甲脒乳油1 000倍液，或73%炔螨特乳油1 000～1 500倍液，或25%灭螨猛可湿性粉剂1 000～1 500倍液，或2.5%联苯菊酯乳油1 500倍液喷雾。要注意轮换使用不同类型药剂，以免产生抗药性。

6. 红蜘蛛 红蜘蛛即棉红蜘蛛，俗称棉叶螨、红砂、火龙、火蜘蛛等。属世界性害虫，全国各地都有分布。寄主植物110余种，危害蔬菜20余种，除黄瓜外，还危害茄子、菜豆、番茄、辣椒、葱和草莓等。

(1)危害症状 幼螨、若螨和成螨均可危害，在黄瓜叶片背面以刺吸式口器吸食植株汁液，并拉丝结网，使叶片卷曲。受害叶片开始退绿，逐渐形成灰黄色或红色细斑，严重时整株叶片干枯落叶引起黄瓜早衰，结瓜期明显缩短，对产量影响很大。植株受害一般先从下部叶片开始，自下而上发展蔓延。

(2)防治方法

①农业防治 铲除田边杂草。清除残株败叶，收获后及时深翻土地，可消灭大部分虫源和早春寄主，降低虫口密度，减轻危害。另外，在冬季进行冬灌也能有效降低越冬虫口基数。加强肥水管理，尤其在高温干旱天气注意适当浇水，增加田间湿度，可减轻危害。

②生物防治　利用天敌，如深刻点食螨瓢虫、七星瓢虫、异色瓢虫、食螨瘿蚊、小花蝽和中结草蛉等控制危害。

③药剂防治　加强虫情检查，控制红蜘蛛在点、片危害阶段。可选农药有：2.5%联苯菊酯乳油 3 000 倍液，或 50%溴螨酯乳油 2 500～3 500 倍液，或 15%哒螨灵乳油 3 000～4 000 倍液，或 5%唑螨酯悬浮剂 2 000～3 000 倍液，或 20%四螨嗪悬浮剂 1 500～2 000 倍液，每隔 15～20 天喷 1 次，连续喷 1～2 次。交错施用药剂，以延缓或防止螨体产生抗药性。

7. 瓜绢螟　瓜绢螟又叫瓜野螟，或称瓜螟。长江以南，华东、华南、西南、华中及台湾地区都有分布。以幼虫咬食瓜类和茄果类蔬菜，寄主作物包括黄瓜、苦瓜、丝瓜、节瓜、甜瓜，以及番茄、茄子和马铃薯等，造成不同程度的减产。

(1)危害症状　幼虫以黄瓜叶片为食，多潜伏在叶片背面取食，危害严重时大部分叶肉被咬食，仅留下叶脉。初孵化幼虫群聚取食，瓜叶出现灰白色斑块。老龄幼虫吐丝做茧，同时把叶片卷起，缩小植株光合面积，降低黄瓜对有机质的积累。虫口密度大的，还能咬食瓜条，或蛀入瓜条和茎部，引起死苗、烂瓜，造成直接产量损失。

(2)防治方法

①农业防治　一是在幼虫发生初期，及时摘除卷叶，带出田外集中处理消灭，压低虫口基数。二是瓜果采完之后，及时清理瓜地，将枯枝落叶收集干净并清出田外深埋或烧毁，消灭藏匿于枯藤落叶中的虫蛹。

②药剂防治　掌握在卵孵盛期施药，并注意将药液喷洒到叶背或嫩头上，将幼虫消灭在三龄以前。可选用下列药剂：1.8%阿维菌素乳油 3 000 倍液，或 50%辛硫磷乳油 1 000 倍液，或 20%氰戊菊酯乳油 3 000 倍液，或 10%氯氰菊酯乳油 1 000 倍液，或 90%晶体敌百虫 800～1 000 倍液，或 40%乐果乳剂 1 000 倍液，或

80%敌敌畏乳油1 000倍液，喷雾，黄瓜收获前7天停止用药。

8. 美洲斑潜蝇 美洲斑潜蝇是世界性检疫害虫。我国1994年首次在海南发现，现已扩散到华南、华东、华中、西南及华北地区，对蔬菜产生严重危害。

(1)危害症状 美洲斑潜蝇常与线斑潜蝇、瓜斑潜蝇混合危害多种蔬菜作物。成虫和幼虫均可危害，雌成虫把叶片刺伤，吸食汁液和产卵，幼虫潜入叶片和叶柄，产生不规则的蛇形白色虫道，破坏叶绿素，影响光合作用，受害重的叶片脱落，一般减产3～5成。

(2)防治方法

①农业防治 一是严格检疫，禁止从疫区引种。二是合理安排茬口。秋季发生较重的地区，温室改种韭菜、甘蓝、菠菜等非寄主或美洲斑潜蝇非喜食作物。第二年春季种植黄瓜。三是适时灌水和深耕。深耕20厘米以上和适时灌水浸泡能消灭蝇蛹。

②物理防治 一是高温闷棚。闷棚前1天浇1次透水，翌日闭棚升温至45℃，经2小时后慢慢打开通风口，恢复正常温度管理，防治效果达95%以上。二是黄板诱杀。利用橙黄色的黄板涂上粘虫胶或机油，效果明显。

③生物防治 在棚室内释放潜蝇姬小蜂、反颚茧蜂等天敌。

④药剂防治 该虫的卵期短，高龄幼虫抗虫性强。要选择在成虫高峰期至卵孵化盛期、或初龄幼虫高峰期用药，药剂选用1.8%阿维菌素乳油2 000～3 000倍液，或6%绿浪水剂1 000倍液，或48%毒死蜱乳油1 000倍液，或10%氯氰菊酯2 000～3 000倍液喷雾。冬、春季每隔7～8天喷1次，夏季每隔4～5天喷1次，连续喷4～5次。农药要交替使用。

9. 瓜实蝇 瓜实蝇，别名黄蜂子，其幼虫称瓜蛆。主要分布在广东、福建、云南等省。近年该虫有严重发生的趋势。

(1)危害症状 幼虫在瓜果内蛀食危害，受害瓜先局部变黄，而后全瓜腐烂变臭，造成大量落瓜。有的即使不腐烂，被危害处也流胶，畸形下陷，果实变硬，严重影响产量与品质。

(2)防治方法　①用毒饵诱杀成虫。用香蕉皮或菠萝皮或将南瓜、红薯煮熟后发酵，分成 40 份，分别与 90%晶体敌百虫 0.5 份、香精 1 份，加水调成糊状毒饵，直接涂在瓜棚篱竹上，或装入容器挂在竹竿上。每 667 米^2 布 20 个点，每个点放 25 克，用于诱杀成虫。②及时摘除受害瓜，对烂瓜进行喷药处理并深埋。③药剂防治。于成虫盛发期，在中午或傍晚喷洒 50%毒死蜱乳油 2 000 倍液，或 2.5%溴氰菊酯乳油 3 000 倍液，每隔 3～5 天喷 1 次，连续喷 2～3 次。

(二)地下害虫

1. 蝼蛄　蝼蛄，又名拉拉蛄、土狗子，是一种杂食性害虫。在温室、大棚或露地都有蝼蛄危害。

(1)危害症状　育苗播种时，蝼蛄在土表下潜行，觅食种子或幼根，形成许多弯弯曲曲的隧道，使根土分离，致使大批幼苗失水枯死。

(2)防治方法　①毒饵诱杀。将麦麸或豆饼或棉籽饼 2.5 千克炒香或将秕谷 2.5 千克煮熟晾至半干，加 90%晶体敌百虫 75 克，对水少许拌匀，做成毒饵，每 667 米^2 用毒饵 1.5～2.5 千克撒在苗床或地里进行诱杀。②用 50%辛硫磷乳油 1 000 倍液灌根，或用 5%辛硫磷颗粒剂 1～1.5 千克与细土 15～30 千克混匀后，于定植前撒在穴内或定植沟内。

2. 地蛆　地蛆又叫种蝇、根蛆。

(1)危害症状　以幼虫在土中蛀食种子、幼苗或嫩根茎。

(2)防治方法　①不施用未经腐熟的有机肥。②对备用的有机肥用 90%晶体敌百虫 1 000 倍液，或 2.5%溴氰菊酯乳油 2 000 倍液，边翻堆边喷洒然后闷堆 2～3 天，杀死粪肥中存活的根蛆。

也可在翻地时每667米^{2}用90%晶体敌百虫50克拌细土50千克制成药土，撒到地面翻入土中防治成虫。防治幼虫时可用90%晶体敌百虫1 000倍液，或50%乐果乳油1 000倍液灌根，每株用0.25～0.4升，7天后再灌1次。

第九章 无公害黄瓜采后处理与加工

一、黄瓜贮藏保鲜技术

黄瓜利用温室保护地设施，可以周年生产和供应，但是在栽培面积上，上市量与市场需求并不一定相吻合，供应及价格上还存在淡、旺季问题。为调节黄瓜供应上的不均衡，有必要对供应旺季价格相对便宜的黄瓜，进行贮藏保鲜，在供应淡季时上市，增加生产者收入。

(一)黄瓜贮藏保鲜原理

1. 黄瓜贮藏过程中的变化 黄瓜以嫩果供食，由于嫩瓜的新陈代谢旺盛，收获后营养消耗很快，在一般条件下，贮藏10天营养物质减少30%。由于瓜皮的保护组织不发达，容易失水萎蔫，另外在贮藏期内瓜皮所含叶绿素逐渐分解，瓜皮逐渐退绿变黄，在密闭的环境中贮藏产生的乙烯影响下，退绿更快。种子在瓜内继续发育、变大、变硬，瓜味由甜变酸，品质下降。黄瓜在采收、运输、摆放时易损伤，尤以有刺型黄瓜品种更甚。其刺瘤易被碰掉，造成伤口导致病菌感染、腐烂，因此黄瓜贮藏较为困难。解决黄瓜贮藏问题，必须首先了解黄瓜的贮藏条件。

2. 黄瓜贮藏条件

(1)温度 黄瓜最佳贮藏温度为10℃～13℃。温度高于13℃

就会加速黄瓜衰老,加速体内纤维素分解。使黄瓜由脆嫩变糠;持续 20 天时,黄瓜由绿变黄,瓜尾膨大。当温度在 7℃以下时,会出现生理障碍,在 5℃以下 2 天,就会出现低温伤害,黄瓜表面出现斑点,甚至凹陷,严重时出现水浸状斑点,扩大至腐烂。

(2)湿度　一般要求空气相对湿度保持在 90%～95%,如果空气湿度小,可适当喷水,并防止长时间空气对流。采用聚乙烯塑料袋包装,可较好地保持适宜湿度。

(3)氧气含量　黄瓜贮藏时间长短,品质好坏,与呼吸作用有关。黄瓜果实呼吸强度越大,贮藏时间越短;相反,则贮藏时间越长。果实的呼吸强度与空气中氧气含量密切相关,以 2%～4%的氧气含量最为适合,可有效延长贮藏期,抑制大肚果发生,很好保持绿色;如果氧气含量高于 21%,果实的外部形态及内部构造也发生明显变化,果实表皮由绿变黄,变粗,种子变硬,瓜肉发糠;氧气低于 2%时,容易产生缺氧伤害,瓜柄出现萎蔫,果实受真菌侵染。

(4)二氧化碳　空气中二氧化碳浓度 2%～5%为宜对黄瓜保绿防衰有利。超过 5%,果实产生生理障碍,表皮产生不规则褐斑并产生乙醛和乙醇,使细胞中毒死亡,产生苦味。二氧化碳含量与氧气含量密切相关,贮藏时如果氧气含量高些,二氧化碳含量也可高些,氧气含量低些,二氧化碳浓度也可低些。因此,黄瓜贮藏时氧气含量、二氧化碳含量都控制在 2%～5%效果最好。

(5)乙烯　乙烯是一种促进果实成熟的内源激素,大多数果实和蔬菜在成熟过程中本身会释放乙烯气体,当乙烯达到一定浓度时会促使果实成熟或衰老。因此,调节和改善贮藏条件,使黄瓜产生乙烯的速度变慢,使其不起作用,可延缓黄瓜成熟、衰老和腐烂。气调贮藏时,通过提高二氧化碳浓度可抑制乙烯产生。另外,还可以采用乙烯吸收剂来吸收贮藏环境中的乙烯气体。

(6)机械损伤　黄瓜在栽培、收获、包装、运输、摆放等过程中,容易发生碰伤等机械损伤，黄瓜受伤以后，伤口周围的细胞开始进行旺盛的分裂，以修复伤口，这就需要一定的物质和能量。因此，黄瓜的呼吸强度增高，另外，伤口处细胞分裂，细胞中的营养流出，并聚集在伤口处，为微生物的生长提供条件，使其大量繁殖，也会造成黄瓜腐烂。

(二)黄瓜贮藏前的选择和预处理

1. 品种选择 黄瓜品种不同其耐贮性是不同的，要选择耐贮藏的品种。一般果皮较厚，果肉丰满，固形物含量高，或果面刺疣较少的品种，比较耐贮。

2. 采摘及选瓜 这是贮藏黄瓜极为重要的一环，在采收前1～2天灌1次水，使瓜条吸水生长充实，从而缓解贮藏过程中的失水。采收应在清晨露水未干、温度低时进行。

贮藏的黄瓜要求顶花带刺，颜色碧绿。要选择植株中部生长的瓜贮藏，这个部位的瓜多数瓜条直，壮实，内含的营养物质也充足。切勿选用接近地面的瓜，因其与泥土接触，带有病菌易腐烂；也不要选择瓜秧顶部的瓜，因为这时瓜秧已经衰老，瓜的内含物不足，瓜形也多数不规则，不耐贮藏。还要注意黄瓜的成熟度，要选择不老不嫩、中等成熟度的瓜，过嫩的和过老的瓜贮藏寿命都短。要选择无病虫害，色泽新鲜，无黄色条纹，大小整齐一致的瓜，用剪刀剪下，并用烙铁将果柄伤口烫焦或涂上凡士林油。采摘和贮藏时都要轻拿轻放。避免果皮和瘤刺损伤，为了防止运输途中的损伤，带刺多的瓜要用软纸包好，放入消过毒的筐(或纸箱)内。冬季从温室内采收的黄瓜，要放入保温的筐箱内运输。

3. 贮藏前的预处理 在预处理室内挑选符合贮藏标准的黄瓜，淘汰老熟的、过嫩的和有机械损伤的黄瓜，然后摆放在消过毒的筐内，每筐装入总容积的3/4。夏季贮藏黄瓜，要先在凉棚中预冷，散去从田间带来的余热。夏季如果在8℃冷库内贮藏，需要使冷库的温度由高到低逐渐降低到 8℃，使黄瓜逐渐适应贮藏温度，防止出“汗”。

黄瓜表皮缺乏角质层，为了增加黄瓜的光泽，防止脱水和腐败菌的侵染，入库前用 0.2%的甲基硫菌灵可湿性粉剂与 4 倍水的混合溶液处理，方法是用软刷把混合物涂在黄瓜上，在荫棚中晾干，不要带浮水入库。

4. 贮藏时间 黄瓜贮藏时间的长短，一般根据市场的需要和黄瓜贮藏中的商品价值来决定，商品价值的高低标准有两个指标，即好瓜率和绿瓜率。如果好瓜率高而绿瓜率低，说明大部分瓜已经开始衰老。有实验证明，贮藏 45 天的黄瓜好瓜率和绿瓜率均达到 80%；贮藏 60 天的黄瓜虽然好瓜率为 70%，但是绿瓜率仅为 47%。黄瓜在 10℃～13℃条件下，以贮藏 45 天为好。

(三)黄瓜的贮藏方法

1. 活体贮藏 日光温室秋延后黄瓜初冬季节，夜温低于 10℃，黄瓜植株不能生长，果实也不再膨大，最后 1 批黄瓜可暂不采收，任其吊在植株上，瓜不长，不受冻，叶蔓仍为绿色，故名活体贮藏。一般夜间盖草苫，白天揭苫，管理方便、省工，贮藏期可达 40～50 天，华北地区元旦左右上市，经济效益较好。

2. 地下沟保鲜 在温室后坡人行道的后部挖深 50～60 厘米的沟，沟内铺一层稻草，把黄瓜摆入，上盖塑料薄膜，再盖纸板、麻袋等。利用土壤水分保持湿度，利用地温相对稳定的特点进行贮藏保鲜。

3. 缸藏 先刷净缸，用 0.5%～1%漂白粉液消毒，然后装入 10～20 厘米深的清水，在离水面 7～10 厘米处放一个“井”字形木架，上铺用秸秆编的圆形箅子，摆上黄瓜。可将瓜柄朝缸壁进行转圈平放，也可纵横交错逐层排放。摆到距缸口 10～15 厘米处为止。缸口用牛皮纸封住，用绳捆好，置于阴凉室内或背阴冷凉处。

天气转冷时，适当保温，3～5 天打开缸口挑选部分黄瓜上市。采用此法贮藏，只要温度适宜，一般可贮 20～30 天，效果较好。

4. 土窖贮藏 塑料大棚秋延后黄瓜贮藏量较大时宜采用此法。初霜前后，背阴处沿东西向挖沟，沟宽 1.7～2 米、深 1.3 米，长不限。挖出的土筑高 1 米、厚 0.7～1 米土墙，在南、北、西三面墙上设 40 厘米×40 厘米通气孔，东墙设门。沟顶搭木杆，上盖 20～30 厘米厚玉米秸，上覆 20 厘米厚土。窖内沿窖壁用砖、竹竿搭成架子，可分 3～4 层，每层黄瓜厚不超过 20 厘米，以免压伤瓜条。入窖初期，白天关闭窗、门及通气孔，日落后打开通风降温；气温下降，白天适当通风，夜间关闭风口并加强保温。为保湿，可在瓜条上覆盖湿蒲席或每日向黄瓜上喷清水 1～2 次。一般每隔 10 天左右翻瓜 1 次，拣出不宜继续贮藏的瓜条。此法贮藏期为 30 天左右。

5. 通风窖和冷库保鲜 通风窖内的温度，可以通过通风和加热等进行人工调节。冷库的温度，通过制冷机控制，比较稳定。用这两种方法贮藏，保湿很重要，一般用塑料薄膜包装保湿。塑料薄膜包装有 3 种方法：一是将黄瓜装筐，码垛，垛顶盖纸，垛外罩 0.03～0.08 毫米厚的塑料薄膜帐；二是在筐内衬垫 0.03 毫米厚的薄膜，装满黄瓜后将衬垫膜的四周向里折，将黄瓜盖严；三是把 0.03 毫米厚的薄膜做成小袋，每袋装 1～2 千克黄瓜，折口后装筐贮藏。为了吸收黄瓜贮藏中释放的乙烯，防止黄瓜黄化，延长贮藏期，这 3 种贮存法都应加高锰酸钾乙烯吸收剂。具体做法是：将干净的红砖砸成杏核大小的碎块，放在饱和高锰酸钾溶液中浸透，晾干，再用纱布包成小包放在垛或筐的上层或小塑料袋内。一般每 10 千克黄瓜约需 0.5 千克用饱和高锰酸钾浸过的碎红砖块。为了防止腐烂，还应进行克霉灵（有效成分仲丁胺）处理，按每千克黄瓜用 0.1 毫升克霉灵计，用布条或棉球蘸取药液，分散放置于垛、筐缝隙处。采用小包装时，可在装袋前用克霉灵熏蒸 24 小时再装袋。

上述塑料帐垛藏，如果将封口封严，可进行自发气调贮藏。贮藏过程中可用氧气、二氧化碳分析仪测定帐内气体，当氧气低于5%、二氧化碳高于5%时应打开帐子适当通风换气，为了取得更好的贮藏效果，可以将硅橡胶镶嵌在塑料薄膜袋上或塑料薄膜帐上，形成硅窗。硅橡胶具有特殊的通气性能，使袋或帐内的二氧化碳向外渗透，外部的氧气向内渗透，其渗透比为6∶1，从而起到自动调节气体的作用。

无论采用何种贮藏方法，都要定期检查。一般每隔5～6天检查1次，发现问题及早予以解决。

6. 涂膜保鲜　黄瓜是一种难贮的果菜，通常只有3～5天的货架寿命。利用涂膜保鲜技术可提高其保鲜时期，延长货架寿命10天以上。方法是：取一定量的蔗糖脂肪酸酯，加入定量的水，加热至60℃～80℃搅拌溶解，并缓慢加入一定量的海藻酸钠，继续搅拌至充分溶解，冷却至室温备用。涂膜液的组合为蔗糖脂肪酸酯5%、海藻酸钠0.48%，其余为水。将选择好的黄瓜浸入涂膜液中，浸泡30秒钟取出黄瓜，自然风干，然后用塑料袋包装置于室温下贮藏。

二、黄瓜的运输与包装

随着黄瓜产业化生产的发展，黄瓜生产必然逐渐向气候条件、土壤条件等适宜的地区集中，生产主要是以外销为目的，因此运输已经成为黄瓜流通过程各环节中不可缺少的条件。

(一)黄瓜运输保鲜的条件

贮藏保鲜是静止状态的，而运输保鲜是运动状态的，对保持黄瓜品质的影响更大。

1. 振动 振动是黄瓜运输时应考虑的基本环境条件，由于振动造成黄瓜的机械损伤和生理伤害，会影响黄瓜的贮藏性能。因此，运输中必须避免和减少振动。

公路运输的振动强度最大，其次为铁路运输，海路运输的振动强度最小。公路运输其振动强度根据具体情况也不同，卡车的车轮数越多，振动强度越小；卡车行驶在好的路面上和高速公路上，行车速度与振动强度的关系不大，一般不超过一级。而在铺设不好的路面上行驶，车速越快，振动越大，经常会发生三级左右的振动。就货物在车厢中的位置而言，以后部上端的振动最大，前部下端最小。货物垛得越高振动越大，装货物的箱子小、数目多，上部的箱子振动就大。运输振动会使黄瓜的呼吸作用上升，如果再加上由于振动、滚动、跌落产生外伤，会使呼吸作用急剧上升，内含物质消耗增加，保鲜时间缩短，风味下降。黄瓜能耐受运输中振动加速度的临界点为二级。

2. 温度 采用低温流通措施对保持黄瓜的新鲜度和品质以及降低运输损耗是十分重要的。国际制冷学会对黄瓜运输的建议温度为：运输时间1～2天，10℃～15℃；2～3天，10℃～13℃。如果运输时间超过6天，要求与低温贮藏的适宜温度相同。

3. 湿度 黄瓜运输过程需要较高的空气相对湿度，一般为80%～95%。在运输中由于黄瓜本身的水分蒸腾强度、包装容器的材料种类、大小、所用缓冲材料的种类等因素的差异，湿度也不同。

(二)黄瓜包装

1. 运输包装 黄瓜产品在运输过程中，一方面要保持产品所处的适宜环境，同时也要注意运输不发生机械伤害，以防止病菌从伤害处侵入。因此，在起运之前首先做好运输包装，使黄瓜产品保持新鲜和优良品质。在用运输工具装载时，要考虑包装容器本身的强度、吸潮性和透气性等。确定单体包装之间的组合方式及堆码高度极限。短距离运输工具有卡车、专用运输车和火车车皮。长距离运输工具有货轮、飞机等。黄瓜常用卡车和专用运输车运输。在冬季或在寒冷地区用火车运输时，常用保温集装箱，夏季用火车运输时，需冷藏集装箱。使用集装箱时，必须用药物对箱体进行熏蒸和清扫工作，熏蒸后让药味充分散发，防止熏蒸剂残留造成黄瓜再次污染。在运输过程中，为了保证产品处于有效维持品质与安全性的环境下，需进行温度、湿度、气体环境的调节。

2. 销售包装 销售包装是批发商或零售商对蔬菜产品进行的促销、保护产品的商品化处理措施，是蔬菜产品价值和包装安全性在内的使用价值接近最终实现的市场终端过程，它起到保护、容纳商品和便利于促销的功能。适合黄瓜销售的包装是泡罩包装，也称托盘包装，是将黄瓜整齐地置于塑料托盘内，用无毒、清洁的透明薄膜封合，并贴上标志与商标，内容包括产品名称、产地，生产日期、质量等级及商品标准代号与条形码等。

三、黄瓜加工

黄瓜加工是利用食品工业的各种加工工艺处理新鲜黄瓜而制成产品的过程。加工的根本任务就是使黄瓜通过各种加工工艺处理后，改进食用价值，使加工品区别于新鲜产品，而成为色、香、味、形俱佳的新产品，同时达到长期保存、经久不坏、随时取用的目的，进一步提高其商品化水平，使黄瓜产品在加工中增值。

（一）黄瓜加工原理

1. 抑制微生物活动的保藏加工方法 利用某些物理化学因素抑制加工食品中的微生物和酶的活性，这是一种暂时性的保藏方法。这类保藏方法有冷冻保藏(速冻黄瓜)、高渗透压保藏(腌制品、糖制品、干制品)。

2. 利用发酵原理的保藏加工方法 发酵保藏又称为生物化学保藏。利用某些有益微生物在生长繁殖过程中积累的代谢产物,抑制其他有害微生物的活动,如乳酸发酵等,并在发酵过程中产生新的能形成特殊风味的物质,从而使发酵产品具有不同于新鲜产品的特殊品质,如乳酸黄瓜等。

3. 运用无菌原理的保藏加工方法 通过热处理、微波、辐射、过滤、高压等工艺处理食品,使食品中的腐败菌数量减少到使食品能长期保存所允许的最低限度。罐藏保存食品是食品工业中最重要的加工工艺。食品经排气、杀菌、密封,保存在不受外界微生物污染的容器中,可长期保存。

最广泛的杀菌方法是热杀菌,可分为70℃～80℃杀菌的巴氏杀菌法、100℃或100℃以上的高温杀菌法、超过10.132 5万帕的高压杀菌法。冷杀菌是不用提高产品温度的杀菌方法,如紫外线杀菌法、超声波杀菌法、放射线杀菌法等。

4. 食品添加剂 食品添加剂是指为了改善食品的品质和色、香、味,强化食品营养成分以及防止食品腐败和加工工艺的需要,而加入加工食品中的化学和天然物质。

(二)黄瓜加工技术

1. 腌黄瓜 秋黄瓜及秋延后黄瓜品质最佳,而夏黄瓜成本低,经济效益最好。腌制方法为:100千克黄瓜需盐15千克,掸洒18波美度咸汤3千克,分层入缸,每天倒缸两次。开始倒缸时要用手抄着倒,以防瓜条折断,并扬汤散热,使盐迅速溶解。卤腌48小时后出缸挑选分类:第一类,瓜条好,色碧绿,无籽的作甜酱瓜。第二类,中等质量,瓜条较顺溜的作清酱黄瓜。第三类,瓜条较差者留作切黄瓜条用。挑选分类后分别入缸,放一层瓜撒一层盐,每

100 千克黄瓜放盐 20 千克，不用倒缸，灌满汤直接封缸贮存。

2. 甜酱黄瓜 将腌黄瓜控水，冬季控三水，夏季控二水，控水要轻捞轻放，控水后入缸卤酱。先用次酱卤酱 2～3 天，每天打扒 3～4 次，然后换成甜面酱酱渍。夏季换酱时要用清水冲净次酱，以免发缸。每 100 千克卤酱黄瓜，冬季用甜面酱 75 千克，夏季用甜面酱 55 千克、黄酱 20 千克。每天打扒 4 次，冬季腌渍 20 天，夏季 10 天即成颜色墨绿，味香甜，酱味浓且脆嫩的甜酱黄瓜。

3. 虾油黄瓜 初霜前 50～60 天，夏秋黄瓜拉秧前，采摘 5～6 厘米长小黄瓜入缸。每 100 千克小黄瓜放盐 25 千克，掸洒 18 波美度咸汤 20 千克，初始每天倒缸 2 次，5 天后改为隔天倒缸 1 次，再腌制 15 天封缸贮存。取出腌好的小黄瓜入缸用水洗，之后控水直接封缸，每 100 千克腌小黄瓜灌 25 千克虾油入缸。不倒缸，不打扒，用虾油浸泡 10 天即成虾油黄瓜，其色绿，清脆爽口，香味扑鼻，很受消费者青睐。

4. 甜辣黄瓜 每 100 千克黄瓜，放盐 37 千克，加水 3～5 升。一层黄瓜一层盐，洒些水，进行腌渍贮存。酱渍前将腌黄瓜控水，放在已用过的乏酱中酱渍 7 天。随后将黄瓜切成长条，放在日光下晾晒，当 100 千克减至 40～50 千克时，停止晾晒，即成黄瓜干。每 100 千克黄瓜干加干辣椒粉 1.5 千克、白糖 25 千克，搅拌均匀，3 天后糖化即为成品。成品辣甜柔脆，有酱香味，色泽红褐发亮。

5. 糖醋黄瓜 选用脆嫩小黄瓜，放在 8%～10% 盐水里发酵至黄瓜肉质半透明为止。发酵后，置于清水内浸泡，除去多余盐。捞出控净水分，放入配好的糖醋液内浸泡。糖醋液糖含量约 25%，醋酸浓度约 3.5%，加入适量丁香、小茴香、芥菜籽、姜丝、豆蔻等香料。可先配醋液，后将香料袋装入醋液内加热至 80℃～90℃，保持 1 小时，加入白糖。先将浸水脱盐黄瓜浸入 5% 糖液内，几天后再转入糖醋液内，密封，置冷凉处长期贮存，随食随取，质优味佳。

附录1 NY 5010—2002
无公害食品 蔬菜产地环境条件

1 范 围

本标准规定了无公害蔬菜产地选择要求、环境空气质量要求、灌溉水质量要求、土壤环境质量要求、试验方法及采样方法。

本标准适用于无公害蔬菜产地。

2 规范性引用文件

下列文件中的条款通过本标准的引用而成为本标准的条款。凡是注日期的引用文件，其随后所有的修改单(不包括勘误的内容)或修订版均不适用于本标准，然而，鼓励根据本标准达成协议的各方研究是否可使用这些文件的最新版本。凡是不注日期的引用文件，其最新版本适用于本标准。

CB/T 5750 生活饮用水标准检验方法

CB/T 6920 水质 pH值的测定 玻璃电极法

GB/T 7467 水质 六价铬的测定 二苯碳酰二肼分光光度法

GB/T 7468 水质 总汞的测定 冷原子吸收分光光度法

GB/T 7475 水质 铜、锌、铅、镉的测定 原子吸收分光光度法

GB/T 7485 水质 总砷的测定 二乙基二硫代氨基甲酸银分光光度法

GB/T 7487 水质 氰化物的测定 第二部分 氰化物的测定

GB/T 11914 水质 化学需氧量的测定 重铬酸盐法

GB/T 15262 环境空气 二氧化硫的测定 甲醛吸收-副玫瑰苯胺分光光度法

GB/T 15264 环境空气 铅的测定 火焰原子吸收分光光度法

GB/T 15432 环境空气 总悬浮颗粒物的测定 重量法

GB/T 15434 环境空气 氟化物的测定 滤膜·氟离子选择电极法

GB/T 16488 水质 石油类和动植物油的测定 红外光度法

GB/T 17134 土壤质量 总砷的测定 二乙基二硫代氨基甲酸银分光光度法

GB/T 17136 土壤质量 总汞的测定 冷原子吸收分光光度法

GB/T 17137 土壤质量 总铬的测定 火焰原子吸收分光光度法

GB/T 17141 土壤质量 铅、镉的测定 石墨炉原子吸收分光光度法

NY/T 395 农田土壤环境质量监测技术规范

NY/T 396 农用水源环境质量监测技术规范

NY/T 397 农区环境空气质量监测技术规范

3 要 求

3.1 产地选择

无公害蔬菜产地应选择在生态条件良好，远离污染源，并具有可持续生产能力的农业生产区域。

3.2 产地环境空气质量

无公害蔬菜产地环境空气质量应符合表1的规定。

附录1

表 1　环境空气质量要求

项　　目		浓度限值			
		日平均		1小时平均	
总悬浮颗粒物(标准状态)(毫克/米^3)	≤	0.30		—	
二氧化硫(标准状态)(毫克/米^3)	≤	0.15[a]	0.25	0.50[a]	0.70
氟化物(标准状态)(微克/米^3)	≤	1.5[b]	7	—	

注：日平均指任何1日的平均浓度;1小时平均指任何1小时的平均浓度。

a. 菠菜、青菜、白菜、黄瓜、莴苣、南瓜、西葫芦的产地应满足此要求。

b. 甘蓝、菜豆的产地应满足此要求。

3.3　产地灌溉水质量

无公害蔬菜产地灌溉水质应符合表2的规定。

表 2　灌溉水质量要求

项　目		浓度限值	
pH值		5.5～8.5	
化学需氧量/(毫克/升)	≤	40[a]	150
总汞/(毫克/升)	≤	0.001	
总镉/(毫克/升)	≤	0.005[b]	0.01
总砷/(毫克/升)	≤	0.05	
总铅/(毫克/升)	≤	0.05[c]	0.10
铬/(六价)(毫克/升)	≤	0.10	
氰化物/(毫克/升)	≤	0.50	
石油类/(毫克/升)	≤	1.0	
粪大肠菌群/(个/升)	≤	40000[d]	

注：a. 采用喷灌方式灌溉的菜地应满足此要求。

b. 白菜、莴苣、茄子、蕹菜、芥菜、苋菜、芜菁、菠菜的产地应满足此要求。

c. 萝卜、水芹的产地应满足此要求。

d. 采用喷灌方式灌溉的菜地以及浇灌、沟灌方式灌溉的叶菜类菜地时应满足此要求。

3.4 产地土壤环境质量

无公害蔬菜产地土壤环境质量应符合表3的规定。

表3 土壤环境质量要求 （单位：毫克/千克）

项目	含量限值					
	pH＜6.5		pH 6.5～7.5		pH＞7.5	
镉 ≤	0.30		0.30		0.40[a]	0.60
汞 ≤	0.25[b]	0.30	0.30[b]	0.50	0.35[b]	1.0
砷 ≤	30[b]	40	25[c]	30	20[c]	25
铅 ≤	50d	250	50[d]	300	50[d]	350
铬 ≤	150		200		250	

注：本表所列含量限值适用于阳离子交换量＞5厘摩/千克的土壤，若≤5厘摩/千克，其标准值为表内数值的半数。

a. 白菜、莴苣、茄子、蕹菜、芥菜、苋菜、芜菁、菠菜的产地应满足此要求。

b. 菠菜、韭菜、胡萝卜、白菜、菜豆、青椒的产地应满足此要求。

c. 菠菜、胡萝卜的产地应满足此要求。

d. 萝卜、水芹的产地应满足此要求。

4 试验方法

4.1 环境空气质量指标

4.1.1 总悬浮颗粒的测定按照 CB/T 15432 执行。

4.1.2 二氧化硫的测定按照 GB/T 15262 执行。

4.1.3 氟化物的测定按照 GB/T 15434 执行。

4.2 灌溉水质量指标

4.2.1　pH 值的测定按照 GB/T 6920 执行。

4.2.2　化学需氧量的测定按照 GB/T 11914 执行。

4.2.3　总汞的测定按照 GB/T 7468 执行。

4.2.4　总砷的测定按照 GB/T 7485 执行。

4.2.5　铅、镉的测定按照 GB/T 7475 执行。

4.2.6　六价铬的测定按照 GB/T 7467 执行。

4.2.7　氰化物的测定按照 GB/T 7487 执行。

4.2.8　石油类的测定按照 GB/T 16488 执行。

4.2.9　粪大肠菌群的测定按照 GB/T 5750 执行。

4.3　土壤环境质量指标

4.3.1　铅、镉的测定按照 GB/T 17141 执行。

4.3.2　汞的测定按照 GB/T 17136 执行。

4.3.3　砷的测定按照 GB/T 17134 执行。

4.3.4　铬的测定按照 GB/T 17137 执行。

5　采样方法

5.1　环境空气质量监测的采样方法按照 NY/T 397 执行。

5.2　灌溉水质量监测的采样方法按照 NY/T 396 执行。

5.3　土壤环境质量监测的采样方法按照 NY/T 395 执行。

附录2 NY 5074—2002 无公害食品 黄瓜

1 范 围

本标准规定了无公害食品黄瓜的要求、试验方法、检验规则、标志、包装、运输和贮存。

本标准适用于无公害食品黄瓜。

2 规范性引用文件

下列文件中的条款通过本标准的引用而成为本标准的条款。凡是注日期的引用文件，其随后所有的修改单(不包括勘误的内容)或修订版均不适用于本标准，然而，鼓励根据本标准达成协议的各方研究是否可使用这些文件的最新版本。凡是不注日期的引用文件，其最新版本适用于本标准。

GB/T 5009.12 食品中铅的测定方法

GB/T 5009.15 食品中镉的测定方法

GB/T 5009.20 食品中有机磷农药残留量的测定方法

GB/T 8855 新鲜水果和蔬菜的取样方法

GB/T 8868 蔬菜塑料周转箱

GB 14877 食品中氨基甲酸酯类农药残留量的测定方法

GB 14878 食品中百菌清残留量的测定方法

GB/T 14929.4 食品中氯氰菊酯、氰戊菊酯和溴氰菊酯残留量测定方法

GB/T 14973 食品中粉锈宁残留量的测定方法

GB/T 15401 水果、蔬菜及其制品亚硝酸盐和硝酸盐含量的测定

3 要 求

3.1 感官

同一品种或相似品种，长短和粗细基本均匀，无明显缺陷（缺陷包括机械伤、腐烂、异味、冻害和病虫害）。

3.2 卫生

卫生要求应符合表1的规定。

表1 无公害食品黄瓜卫生指标

序 号	项 目	指标/(毫克/千克)
1	敌敌畏	≤0.2
2	乐果	≤1
3	乙酰甲胺磷	≤0.2
4	氯氰菊酯	≤0.5
5	氰戊菊酯	≤0.2
6	抗蚜威	≤1
7	百菌清	≤1
8	三唑酮	≤0.2
9	铅(以 Pb 计)	≤0.2
10	镉(以 Cd 计)	≤0.05
11	亚硝酸盐(以 $NaNO_2$ 计)	≤4

注：根据《中华人民共和国农药管理条例》，剧毒和高毒农药不得在蔬菜生产中使用。

4 试验方法

4.1 感官要求检测

品种特征、腐烂、冻害、病虫害及机械伤害等，用目测法检测。病虫害有明显症状或症状不明显而有怀疑者，应取样瓜剖开检验。异味用口尝和鼻嗅的方法检测。

4.2 卫生要求检测

4.2.1 敌敌畏、乐果、乙酰甲胺磷

按 GB/T 5009.20 规定执行。

4.2.2 氯氰菊酯、氰戊菊酯

按 GB/T 14929.4 规定执行。

4.2.3 抗蚜威

按 GB 14877 规定执行。

4.2.4 百菌清

按 GB 14878 规定执行。

4.2.5 三唑酮

按 GB/T 14973 规定执行。

4.2.6 铅

按 GB/T 5009.12 规定执行。

4.2.7 镉

按 GB/T 5009.15 规定执行。

4.2.8 亚硝酸盐

按 GB/T 15401 规定执行。

5 检验规则

5.1 检验分类

5.1.1 型式检验

型式检验是对产品进行全面考核，即对本标准规定的全部要求进行检验。有下列情形之一者应进行型式检验：

a)国家质量监督机构或行业主管部门提出型式检验要求；

b)前后两次抽样检验结果差异较大；

c)因人为或自然因素使生产环境发生较大变化。

5.1.2　交收检验

每批产品交收前，生产者应进行交收检验。交收检验内容包括感官、标志和包装。检验合格后并附合格证方可交收。

5.2　组批规则

同一产地、同时收购的黄瓜作为一个检验批次。

5.3　抽样方法

按照GB/T 8855中的有关规定执行。

报验单填写的项目应与实货相符，凡与实货不符，包装容器严重损坏者，应由交货单位重新整理后再行抽样。

5.4　包装检验

应按第7章的规定进行。

5.5　判定规则

5.5.1　每批受检样品抽样检验时，对有缺陷的样品做记录，不合格百分率按有缺陷的条数计算。每批受检样品的平均不合格率不应超过5%。

5.5.2　卫生要求有一项不合格，该批次产品为不合格。

6　标　志

包装上的标志和标签应标明产品名称、生产者、产地、净含量和采收日期等，字迹应清晰、完整、准确。

7 包装、运输和贮存

7.1 包装

7.1.1 用于黄瓜包装的容器应整洁、干燥、牢固、透气、无污染、无异味，内壁无尖突物。纸箱无受潮、离层现象。塑料箱应符合 GB/T 8868 的要求。

7.1.2 每批黄瓜所用的包装、单位净含量应一致。

7.1.3 包装检验规则:逐件称量抽取的样品，每件的净含量不应低于包装外标志的净含量。

7.2 运输

7.2.1 黄瓜收获后应就地整修，及时包装、运输。

7.2.2 运输时，应做到轻装、轻卸，严防机械损伤，应防热、防冻、防雨淋。运输工具应清洁、卫生。

7.3 贮存

7.3.1 临时贮存应在阴凉、通风、清洁、卫生的条件下，严防暴晒、雨淋、高温、冷冻、病虫害及有毒物质的污染。堆码时须轻卸、轻装，严防挤压碰撞。

7.3.2 冷藏时堆码应小心谨慎，严防果实损伤，堆码方式须保证气流能均匀地通过垛堆。

7.3.3 贮存库中温度宜保持在 10℃～13℃，空气的相对湿度在 90%～95%。

7.3.4 贮存库应有通风换气装置，确保温度和空气相对湿度的稳定与均匀。

附录3　NY/T 5075—2002
无公害食品　黄瓜生产技术规程

1　范　围

本标准规定了无公害食品黄瓜的产地环境要求和生产管理措施。

本标准适用于无公害食品黄瓜生产。

2　规范性引用文件

下列文件中的条款通过本标准的引用而成为本标准的条款。凡是注日期的引用文件，其随后所有的修改单（不包括勘误的内容）或修订版均不适用于本标准，然而，鼓励根据本标准达成协议的各方研究是否可使用这些文件的最新版本。

GB 4285　农药安全使用标准

GB/T 8321（所有部分）　农药合理使用准则

NY 5010　无公害食品　蔬菜产地环境条件

3　产地环境

应符合 NY 5010 的规定，选择地势高燥，排灌方便，土层深厚、疏松、肥沃的地块。

4 生产技术管理

4.1 保护设施

包括日光温室、塑料棚、连栋温室、改良阳畦、温床等。

4.2 多层保温

棚室内外增设的二层以上覆盖保温措施。

4.3 栽培季节的划分

4.3.1 早春栽培

深冬定植、早春上市。

4.3.2 秋冬栽培

秋季定植、初冬上市。

4.3.3 冬春栽培

秋末定植，春节前上市。

4.3.4 春提早栽培

终霜前30天左右定植，初夏上市。

4.3.5 秋延后栽培

夏末初秋定植，9月末10月初上市。

4.3.6 长季节栽培

采收期8个月以上。

4.3.7 春夏栽培

晚霜结束后定植，夏季上市。

4.3.8 夏秋栽培

夏季育苗定植，秋季上市。

4.4 品种选择

选择抗病、优质、高产、商品性好、适合市场需求的品种。冬春、早春、春提早栽培选择耐低温弱光、对病害多抗的品种；春夏、夏秋、秋冬、秋延后栽培选择高抗病毒病、耐热的品种；长季节栽培选择高抗、多抗病害，抗逆性好，连续结果能力强的品种。

4.5 育苗

4.5.1 育苗设施选择

根据季节不同选用温室、塑料棚、阳畦，温床等育苗设施，夏秋季育苗应配有防虫、遮阳设施。有条件的可采用穴盘育苗和工厂化育苗，并对育苗设施进行消毒处理，创造适合秧苗生长发育的环境条件。

4.5.2 营养土配制

4.5.2.1 营养土要求：pH 值 5.5～7.5，有机质 2.5%～3%，有效磷 20～40 毫克/千克，速效钾 100～140 毫克/千克，碱解氮 120～150 毫克/千克。孔隙度约 60%，土壤疏松，保肥保水性能良好。配制好的营养土均匀铺于播种床上，厚度 10 厘米。

4.5.2.2 工厂化穴盘或营养钵育苗营养土配方：2 份草炭加 1 份蛭石，以及适量的腐熟农家肥。

4.5.2.3 普通苗床或营养钵育苗营养土配方：选用无病虫源的田土占三分之一、炉灰渣（或腐熟马粪，或草炭土，或草木灰）占三分之一，腐熟农家肥占三分之一。不宜使用未发酵好的农家肥。

4.5.3 育苗床土消毒

按照种植计划准备足够的播种床。每平方米播种床用 40% 甲醛溶液 30～50 毫升，加水 3 升，喷洒床土，用塑料薄膜闷盖 3 天后揭膜，待气体散尽后播种。或 72.2% 霜霉威水剂 400 倍液；或按每平方米苗床用 15～30 毫克药土作床面消毒。方法：用 8～10 克 50% 多菌灵与 50% 福美双混合剂（按 1∶1 混合），与 15～30 千克细土混合均匀撒在床面。

4.5.4 种子处理

4.5.4.1 药剂浸种。用 50% 多菌灵可湿性粉剂 500 倍液浸种 1 小时，或用 40% 甲醛 300 倍液浸种 1.5 小时，捞出洗净催芽可防治枯萎病、黑星病。

4.5.4.2 温汤浸种。将种子用 55℃ 的温水浸种 20 分钟，用清水冲净黏液后晾干再催芽(防治黑星病、炭疽病、病毒病、菌核病)。

4.5.5 催芽

消毒后的种子浸泡4～6小时后捞出洗净,置于28℃催芽。包衣种子直播即可。

4.5.6 播种期

根据栽培季节、育苗手段和壮苗指标选择适宜的播种期。

4.5.7 种子质量

种子纯度≥95%,净度≥98%,发芽率≥95%,水分≤8%。

4.5.8 播种量

根据定植密度,每667米^{2}栽培面积育苗用种量100～150克,直播用种量200～300克。每平方米播种床播25～30克。

4.5.9 播种方法

播种前浇足底水,湿润至深10厘米。水渗下后用营养土找平床面。种子70%破嘴均匀撒播,覆盖营养土1～1.5厘米。每1米^{2}苗床再用50%多菌灵可湿性粉剂8克,拌上细土均匀撒于床面上,防治猝倒病。冬春播种育苗床面上覆盖地膜,夏秋床面覆盖遮阳网或稻草,70%幼苗顶土时撤除床面覆盖物。

4.5.10 苗期管理

4.5.10.1 温度:夏秋育苗主要靠遮阳降温。冬春育苗温度管理见表1。

4.5.10.2 光照:冬春育苗采用反光幕或补光设施等增加光照;夏秋育苗要适当遮光降温。

4.5.10.3 水肥:分苗时水要浇足,以后视育苗季节和墒情适当浇水。苗期以控水控肥为主。在秧苗3～4叶时,可结合苗情追0.3%尿素溶液。

附录3

表 1　苗期温度调节表

时　期	白天适宜温度（℃）	夜间适宜温度（℃）	最低夜温（℃）
播种至出土	25～30	16～18	15
出土至分苗	20～25	14～16	12
分苗或嫁接后至缓苗	28～30	16～18	13
缓苗后到炼苗	25～28	14～16	13
定植前 5～7 天	20～23	10～12	10

4.5.10.4　其他管理

4.5.10.4.1　种子拱土时撒一层过筛床土加快种壳脱落。

4.5.10.4.2　分苗：当苗子叶展平，真叶显现，按株行距 10 厘米分苗。最好采用直径 10 厘米营养钵分苗。

4.5.10.4.3　扩大营养面积：秧苗 2～3 叶时加大苗距。

4.5.10.4.4　炼苗：冬春育苗，定植前一周，白天 20℃～23℃，夜间 10℃～12℃。夏秋育苗逐渐撤去遮阳网，适当控制水分。

4.5.10.5　嫁接

4.5.10.5.1　嫁接方法：靠接法，黄瓜比南瓜早播种 2～3 天，在黄瓜有真叶显露时嫁接。插接，南瓜比黄瓜早播种 3～4 天。在南瓜子叶展平有第一片真叶，黄瓜 2 叶 1 心时嫁接。

4.5.10.5.2　嫁接苗的管理：将嫁接苗栽入直径 10 厘米的营养钵中，覆盖小拱棚避光 2～3 天，提高温湿度，以利伤口愈合。7～10 天接穗长出新叶后撤掉小拱棚，靠近要断接穗根。其他管理参见 4.5.10.1～4.5.10.4。

4.5.10.6　壮苗的标准

子叶完好、茎基粗、叶色浓绿，无病虫害。冬春育苗，株高 15

厘米左右,5～6 片叶。夏秋育苗,2～3 片叶,株高 15 厘米左右,苗龄 20 天左右。长季节栽培根据栽培季节选择适宜的秧苗。

4.6 定植前准备

4.6.1 整地施基肥

根据土壤肥力和目标产量确定施肥总量。磷肥全部做基肥,钾肥三分之二做基肥,氮肥三分之一做基肥。基肥以优质农家肥为主,三分之二撒施,三分之一沟施,按照当地种植习惯做畦。

4.6.2 棚室消毒

棚室在定植前要进行消毒,每 667 米^2 设施用 80%敌敌畏乳油 250 克拌上锯末,与 2 000～3 000 克硫磺粉混合,分 10 处点燃,密闭一昼夜,放风后无味时定植。

4.7 定植

4.7.1 定植时间

10 厘米最低土温稳定通过 12℃后定植。

4.7.2 定植方法及密度

采用大小行栽培,覆盖地膜。根据品种特性、气候条件及栽培习惯,一般每 667 米^2 定植 3 000～4 000 株,长季节大型温室、大棚栽培 667 米^2 定植 1 800～2 000 株。

4.8 田间管理

4.8.1 温度

4.8.1.1 缓苗期:白天 28℃～30℃,晚上不低于 18℃。

4.8.1.2 缓苗后采用四段变温管理:8～14 时,25℃～30℃;14～17 时,20℃～25℃;17～24 时,15℃～20℃;24 至日出,10℃～15℃。地温保持 15℃～25℃。

4.8.2 光照

采用透光性好的耐候功能膜,保持膜面清洁,白天揭开保温覆盖物,日光温室后部张挂反光幕,尽量增加光照强度和时间。夏秋季节适当遮阳降温。

4.8.3 空气湿度

根据黄瓜不同生育阶段对湿度的要求和控制病害的需要，最佳空气相对湿度的调控指标是缓苗期80%～90%、开花结瓜期70%～85%。生产上要通过地面覆盖、滴灌或暗灌、通风排湿、温度调控等措施控制在最佳指标范围。

4.8.4 二氧化碳

冬春季节补充二氧化碳，使设施内的浓度达到800～1 000毫克/千克。

4.8.5 肥水管理

4.8.5.1 采用膜下滴灌或暗灌。定植后及时浇水，3～5天后浇缓苗水，根瓜坐住后，结束蹲苗，浇水追肥，冬春季节不浇明水，土壤空气相对湿度保持60%～70%，夏秋季节保持在75%～85%。

4.8.5.2 根据黄瓜长相和生育期长短，按照平衡施肥要求施肥，适时追施氮肥和钾肥。同时，应有针对性地喷施微量元素肥料，根据需要可喷施叶面肥防早衰。

4.8.5.3 不允许使用的肥料：在生产中不应使用未经无害化处理和重金属元素含量超标的城市垃圾、污泥和有机肥。

4.8.6 植株调整

4.8.6.1 吊蔓或插架绑蔓：用尼龙绳吊蔓或用细竹竿插架绑蔓。

4.8.6.2 摘心、打底叶：主蔓结瓜，侧枝留一瓜一叶摘心。25～30片叶时摘心，长季节栽培不摘心采用落蔓方式。病叶、老叶、畸形瓜要及时打掉。

4.8.7 及时采收

适时早采摘根瓜，防止坠秧。及时分批采收，减轻植株负担，以确保商品果品质，促进后期果实膨大。产品质量应符合无公害食品要求。

4.8.8 清洁田园

将残枝败叶和杂草清理干净,集中进行无害化处理,保持田间清洁。

4.8.9 病虫害防治

4.8.9.1 主要病虫害

4.8.9.1.1 苗期主要病虫害:猝倒病、立枯病、蚜虫。

4.8.9.1.2 田间主要病虫害:霜霉病、细菌性角斑病、炭疽病、黑星病、白粉病、疫病、枯萎病、蔓枯病、灰霉病、菌核病、病毒病、蚜虫、白粉虱、烟粉虱、根结线虫、茶黄螨、潜叶蝇。

4.8.9.2 防治原则

按照“预防为主,综合防治”的植保方针,坚持以“农业防治、物理防治、生物防治为主,化学防治为辅”的无害化治理原则。

4.8.9.3 农业防治

4.8.9.3.1 抗病品种:针对当地主要病虫控制对象,选用高抗多抗的品种。

4.8.9.3.2 创造适宜的生育环境条件:培育适龄壮苗,提高抗逆性;控制好温度和空气湿度,适宜的肥水,充足的光照和二氧化碳,通过放风和辅助加温,调节不同生育时期的适宜温度,避免低温和高温障害;深沟高畦,严防积水,清洁田园,做到有利于植株生长发育,避免侵染性病害发生。

4.8.9.3.3 耕作改制:与非瓜类作物轮作三年以上。有条件的地区实行水旱轮作。

4.8.9.3.4 科学施肥:测土平衡施肥,增施充分腐熟的有机肥,少施化肥,防止土壤盐渍化。

4.8.9.4 物理防治

4.8.9.4.1 设施防护:在放风口用防虫网封闭,夏季覆盖塑料薄膜、防虫网和遮阳网,进行避雨、遮阳、防虫栽培,减轻病虫害的发生。

4.8.9.4.2 黄板诱杀：设施内悬挂黄板诱杀蚜虫等害虫。黄板规格 25 厘米×40 厘米，每 667 米^2 悬挂 30～40 块。

4.8.9.4.3 银灰膜驱避蚜虫：铺银灰色地膜或张挂银灰膜膜条避蚜。

4.8.9.4.4 高温消毒：棚室在夏季宜利用太阳能进行土壤高温消毒处理。

高温闷棚防治黄瓜霜霉病：选晴天上午，浇一次大水后封闭棚室，将棚温提高到 46℃～48℃，持续 2 小时，然后从顶部慢慢加大放风口，缓缓使室温下降。以后如需要每隔 15 天闷棚一次。闷棚后加强肥水管理。

温汤浸种。

4.8.9.4.5 杀虫灯诱杀害虫：利用频振杀虫灯、黑光灯、高压汞灯、双波灯诱杀害虫。

4.8.9.5 生物防治

4.8.9.5.1 天敌：积极保护利用天敌，防治病虫害。

4.8.9.5.2 生物药剂：采用浏阳霉素、嘧啶核苷类抗菌素、印楝素、硫酸链霉素、新植霉素等生物农药防治病虫害。

4.8.9.6 主要病虫害的药剂防治

使用药剂防治应符合 GB 4285、GB/T 8321(所有部分)的要求。保护地优先采用粉尘法、烟熏法。注意轮换用药，合理混用。严格控制农药安全间隔期。

4.8.9.7 不允许使用的剧毒、高毒农药：生产上不允许使用甲胺磷、甲基对硫磷、对硫磷、久效磷、磷胺、甲拌磷、甲基异柳磷、特丁硫磷、甲基硫环磷、治螟磷、内吸磷、克百威、涕灭威、灭线磷、硫环磷、蝇毒磷、地虫硫磷、氯唑磷、苯线磷等剧毒、高毒农药。